杨桂芳 陈正洪◎著

第四纪花园
——地质公园的科普与探索

气象出版社

China Meteorological Press

图书在版编目（CIP）数据

第四纪花园：地质公园的科普与探索 / 杨桂芳，陈
正洪著 . —— 北京：气象出版社，2021.3（2024.11 重印）
　ISBN 978-7-5029-7114-4

　Ⅰ . ①第… Ⅱ . ①杨… ②陈… Ⅲ . ①地质 – 国家公
园 – 中国 – 普及读物 Ⅳ . ① S759.93-49

中国版本图书馆 CIP 数据核字 (2020) 第 243759 号

Di-si Ji Huayuan——Dizhi Gongyuan de Kepu yu Tansuo
第四纪花园——地质公园的科普与探索

出版发行：气象出版社

地　　址：北京市海淀区中关村南大街 46 号　　邮政编码：100081
电　　话：010-68407112（总编室）　　010-68408042（发行部）
网　　址：http://www.qxcbs.com　　E－m a i l：qxcbs@cma.gov.cn
责任编辑：邵　华　王鸿雁　　　　　　**终　　审**：吴晓鹏
责任校对：张硕杰　　　　　　　　　　**责任技编**：赵相宁
设　　计：郝　爽
印　　刷：北京地大彩印有限公司
开　　本：710 mm×1000 mm　1/16　　**印　　张**：11.5
字　　数：163 千字
版　　次：2021 年 3 月第 1 版　　　　　　印　　次：2024 年 11 月第 2 次印刷
定　　价：48.00 元

前 言

地球在漫长的地质历史演变过程中，由于内动力和外动力的地质作用，包括在气象条件和气候变化影响下，形成了千姿百态的地形，比如广阔无垠的沙漠、曲折蜿蜒的河流、高耸入云的山峰，以及各种丰富、新颖的地质地貌，为地球表面增添了种种景观。这些具有保存和观赏价值的地质景观，不仅具有很高的科学研究价值，也是进行科普活动的重要场所。地质公园是近年来的新生事物，其稀有的自然地质地貌景观、优雅的美学观赏价值和特殊的科学意义，一直广受众多学者和旅游者的青睐。地质公园的出现有效地保护了珍贵的地质地貌资源，使游客在观光的同时获得地球科学知识，在国际上受到联合国教科文组织的高度赞赏，并产生了良好的经济、社会和环境效益。随着科学知识的普及，人们更喜欢用现代科学理论来解释大自然的鬼斧神工。这种将山水旅游科普化的潮流，迎合了当今人们追求科学、追求知识的文明理念。

中国独特的地理位置、多样化的气候条件和罕见的地形地貌优势，孕育了造型奇特、色彩斑斓、气势磅礴的各类地貌景观，这些地貌造型优美，在美学上达到极高的境界，具有很高的旅游和科普价值。然而对比欧美等发达国家，我国地质公园地学科普教育模式、运转机制等方面仍存在诸多不足，旅游科普创新尚且薄弱，科普理念亟待提高，"公众理解科普旅游"远未达到期望的水平，没有与旅游宣传和旅游文化建设等形成合力。

中国古代，许多经典文化著作曾零散或集中地对地球科学现象和理论作过"整体论"式的理解与阐述，比如早在公元 6 世纪魏时就出现了《水经注》等综合性地学著作；远在西方出现"航海热"以前的几十年，我国明朝航海家郑和已"七下西洋"，走了 30 多个国家，路程为 10 万多千米，沿途记载了各国方位和海上暗礁、浅滩、气候，成为研究 16 世纪以前西方交通历史和有关地质地貌的重要资料；明代的王士性游踪遍及大江南北，撰写了《广志绎》等经典著作，神笔勾勒出各地的风貌，形象描述雁荡之美；还有地理学家徐霞客经 30 多年考察撰成的《徐霞客游记》，详细记录了所到之处的地理、水文、地质、植物、物候等现象，是我国地质地貌的经典著作，在国内外均具有深远的影响。中国近代地质的科普工作是从 1912 年政府部门设立"地质科"开始的，中国地质博物馆创建于 1916 年，集合了中国现代科学同步发端、发展的整个历程，积淀了丰厚的自然地理资料。可以说，"中国古代地球科学"在中国古代传统学科体系中占有重要位置，是今天进行地学科普的重要史实资源。

本书写作中注意把中国地质公园科普教育体系融进世界地学科普的发展路径中，通过文本研究和社会经济文化等背景研究的结合，分析人类对自身来源和身份的寻求和认同，使读者既看到中国悠久的地学文化传承，也看到地质公园与人类自身发展的紧密耦合，加强游客对地质公园的认同感，促进地质公园的文化繁荣。人类的历史与地球的历史紧密相连。正如人的生命只有一次，地球也只有一个，了解地质环境的过去、现在，正是为了预测未来。保护地质遗迹则是这种探索的基础，而建立地质公园是保护地质遗迹的最好方式。这样写作的目的是希望把传统地球科学学科与"天人合一"这样的中国传统文化思想紧密联系，尝试促进推广中国传统文化走向世界、丰富地球科学思想领域、提高人与自然和谐相处的素养。

从地质遗迹形成发展历程和地质公园的发展历程来看，同样产生许多带有转折性的经典理论和精彩故事，构成现代地质公园科普教育的发展思路和轨迹。相比物理、化学、数学这类追求"精确性"的科学，地学科普似乎更加追求"主动性、兴趣性、科学性、分享自然"等元素，这其中不乏众多地球科学家留下的趣闻轶事。例如徐霞客不畏险阻，历时 3 年对西南的喀斯特地貌进行了详细的考察，探测洞穴 350 余处，还对各种地貌现象进行了精辟的理性分析。对这些承托"历史原貌"的演义故事和人物轶事进行搜集、整理、研究、解析和宣传，对地球科学的建制化研究和当今地球科学发展具有重要启示作用。

提高青少年科学文化素质，激发和培养青少年的科技兴趣和创造激情是当今社会的需求。欧洲国家非常重视地质公园科普设施和场馆的科普教育功能，使地质公园成为广大青少年课外活动和补充扩展课内知识的主要场所，有效拓展了学校的地球科学教育。而地质公园作为一种天然的科普教室和有效的科普资源，以身临其境的体验教育为模式，通过丰富多彩的实践活动，可以引导青少年从小培养科学精神、拓展创新思维，为青少年提供展示自我的平台。地质公园努力实现课堂延伸、传统继承、生活实践创新的模式，融科学性、趣味性、探索性于一体，已经成为青少年学生引起科学兴趣、学习科学知识、激发创新思维、提高创新能力的重要场所，逐渐成为学校开展科普教育的第二课堂，对提高青少年科学素质有着越来越重要的作用。

此外，许多业余地质公园专家和旅游专家作为民间学者为学院科学做出不少贡献，为地球科学殿堂添砖加瓦。地质公园就像一本天书，可以针对不同的人群开发不同的科普产品和科普活动，从宏观和微观两个方面使人们在旅游情景中真实体验地学的魅力。

欧洲在地质遗迹保护和开发方面一直走在世界前列，地质遗产及地质旅游可以提升欧洲地质公园的科普价值，其科学意义、环境意义和经济意义逐渐成为欧洲社会的共识。欧洲地质公园不仅对地质与景观保护有益，同时也强调寓教于游、提高公众科学素养、支持环境教育、发展多样地球科学领域科学性研究的训练，强化自然环境、地质地貌遗迹保护及永续发展政策。

美国国家公园承载了地质公园、自然保护区等多种功能，它的出现对世界上其他国家的地质公园建设产生了深远的影响。美国作为国家公园（即国家地质公园）制度创立的先驱，国家公园内建立了完备的科普释意和宣传系统，可以让游客了解地质构造的演变历史、地貌景观的形成过程、地质地貌资源的主要开发前景和实际价值，从而满足游客探索大自然奥秘的好奇心，提高科学知识的普及程度，成为了"没有围墙的教室"，受到广泛关注。

中国众多的地质公园中地质景观丰富，生态类型多样，是集冰川、火山、河流等于一体的综合性地学科学普及的天然课堂，是激发和培养青少年地学兴趣的重要场所。已有的研究表明，新生代特别是第四纪以来是地球环境演化过程中地貌格局逐步形成的重要时期，形态各异、种类众多的地貌景观在第四纪花园中各放异彩。中国的地质公园大多都是著名的风景名胜区，然而近年来，一些部门为了短期利益过度开发，把地质公园等当成摇钱树，出现一些破坏自然地质公园自然风貌的现象，不符合现代国家地质公园保护利用的科学要求，削弱了地质公园作为人类地质文化遗产和科学普及场所的重要性。本书带您品味我国众多优美地质公园的同时，也分析了我国地质公园需要完善的地方，呼吁大家共同来维护人类的美丽家园。

地质公园与气候变化密切相关，气象条件是地貌演变的重要因子，地质学和气象学同属于地球科学，通过这本书的出版，希望能进一步加强两门学科的内在联系，促进跨学科创新。

目 录

第一章　从远古走到今天

图1.1　地球

第一节　地球的诞生

一、人类的母亲——地球

地球（图1.1），从太空看，是一颗蓝色球体，表面约70.8％被水覆盖，其余部分是陆地，更接近一个"水球"。地球诞生于约46亿年前，而生命诞生于地球形成后的10亿年内，所以地球被亲切地称为"母亲"。

地球是一颗普通而又神奇的星球。它的普通之处在于：太阳系共有八颗行星，它们都围绕太阳自西向东旋转；太阳又是整个银河系家族中普通的一员，据统计，银河系有1200亿个像太阳这样的恒星，这些恒星大多都有自己的行星系统；而银河系也仅仅是漫漫宇宙中不起眼的一员。因此，在浩瀚的宇宙中，地球只能算是一个"用显微镜才能发现的点"。它的神奇之处在于：地球与太阳距离适中，并长期处于安全的宇宙环境中，保证了地球上稳定的光照条件，使地球上有适合生命诞生的温度条件；地球的质量和体积适中，使它能产生足够的引力挽留地球上的大气；地球本身的物质构成中有能形成生命的氢（H）、氧（O）、碳（C）、氮（N）、磷（P）等元素；地球内部的结晶水随火山喷发到达地球表面，冷却形成生命的摇篮——原始海洋。长期演化形成合适的气候条件，因此才有了生命的诞生与延续。

一粒小小的尘埃扬起，能窥见整个大地的风貌；一朵花的开放，吐露出整个世界的美丽，住在地球上的人，常常称呼地球为世界，是生命生存的家园。

地球母亲有自己独特的外部圈层和内部圈层，外部圈层包括大气圈、水圈、生物圈，内部圈层包括地壳、地幔和地核。

大气圈：它像衣服一样包裹着地球。它分为对流层、平流层、中间层、热层、散逸层（图1.2）。对流层和人类关系最为紧密，是风雨雷电的发生层，是各种天气现象的推动者。地球大气的主要成分为氮、氧、氩、二氧化碳等气

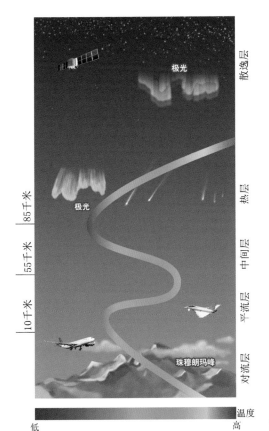

图1.2 大气分层示意图

体和不到0.04%的微量气体。另外，在地下，土壤和某些岩石中也会有少量空气，它们也可认为是大气圈的一个组成部分。

水圈： 地球因为水的存在而孕育生命，因为水而丰富多彩。水在地球以各种各样的形式存在：有流动的江河湖海，有丛林下的沼泽，有高山和两极的冰川，有不见踪迹的地下水等。地球上的水无时无刻不在循环。从数万千米的高空看地球，可以看到地球大气圈中水汽形成的白云和覆盖地球大部分的蓝色海洋，它使地球成为一颗"蓝色的行星"。大气圈与水圈相结合，组成地表的流体系统。

生物圈： 地球上最活跃的部分莫过于生物圈。人们通常所说的生物，是指有生命的物体，包括植物、动物和微生物。我们透过它们看到地球的奥秘，生命的奇迹就在这里经久不衰。据统计，在地质历史上曾有过的生物有50亿种之多。生物圈是太阳系所有行星中仅在地球上存在的一个独特圈层。

地壳： 地球最外层的实心薄壳，是人类生存和从事各种生产活动的场所。地壳并非坚不可摧，实际上它是由很多大小不等的板块拼接而成的，它的外部呈现出高低起伏的形态，因而地壳的厚度并不均匀，这就形成了盆地、平原、丘陵、高山等不同的地表形态。一般来说，海拔越高地壳越厚，海拔越低地壳越薄。

地幔： 位于地壳之下，与地壳以莫霍洛维契奇界面相分隔，自地壳以下至2900千米深处，主要由致密的造岩物质构成，这是地球内部体积最大、质量最大的一层。分为上地幔和下地幔。一般认为上地幔顶部存在一个软流层，推测是由于放射元素大量集中，发生蜕变而发热，将岩石熔融后造成的，可能是岩浆的发源地。下地幔温度、压力和密度均增大，物质呈可塑性固态。

地核： 地幔下面是地核，地核的平均厚度约3470千米。地核还可分为外地核、过渡层和内地核三层，外地核厚度约2080千米，物质大致呈液态，可流动；过渡层的厚度约140千米；内地核是一个半径为1250千米的球心，物质大概是固态的，主要由铁、镍等金属元素构成。地核的温度和压力都很高，估计温度在5000 ℃以上，压力达1.32亿千帕以上。

二、地球的起源

地球如何形成，万紫千红的自然世界起源于何处？有关地球的起源众说纷纭。

1. 太阳系是如何形成的

关于太阳系的形成，有许多天马行空的猜想，其中最主要的是星云假说，主张太阳系由一个巨大的、几光年尺度的分子云的碎片，在引力的作用下塌陷而成为一个旋转的巨大星云盘太阳星云；在太阳星云的中心，温度和压力升高，太阳由此诞生；行星形成被认为是由行星星云转化而来的，这里的行星是绕太阳轨道上的尘埃颗粒逐渐发育而来，它们直接收缩形成块状物并互相碰撞，形成更大的天体，经过进一步的相撞而不断增大尺寸，从而形成太阳系（图1.3）。

图1.3　太阳系示意图

无数的尘埃颗粒在各自的轨道上环绕早期的太阳运行，如果迎头相撞，两者撞击速度很快，尘埃颗粒就会碎裂。但如果碰撞速度不快，相撞的尘埃颗粒就合而为一。经过足够多次的碰撞之后，尘埃颗粒就聚合成鹅卵石大小，接着又聚合成岩石，岩石继续聚合，聚合得越大则引力也越大。最终，引力作用把岩石聚合成为球状的星子，其直径通常只有几千米。随着时间的进一步推移，一些星子变得像月球那么大。接着它们继续聚合，最终形成最靠近太阳的四颗岩质行星——水星、金星、地球和火星。

2. 陨石撞击是塑造地球的主要原因吗

刚刚诞生的地球不断遭遇冲撞，火山将大量气体喷进地球的原始大气层。科学探索发现，地球是在形成初期遭遇一系列大撞击之后才成为一颗可居住行星的。那么，地球究竟是如何从一座"炼狱"最终演变为一个生命世界的呢？

人类在地球上出现，是相对晚近的事情。如果把地球几十亿年的历史浓缩为一天，即24小时，当下是24小时的终点，那么人类仅仅是在几秒以前才出现在地球上的。最初"超新星爆发"后产生了今天已知的所有化学元素，包括铁、碳、金等，构成了星尘云。慢慢地氢气和氦气等轻质气体和重元素组成的尘埃颗粒逐渐分开，各自形成天体。

早期的地球和现在的地球完全不一样。科学家们推测当时的地球是一个"火球"：地球表面充满岩浆，不断有陨星落到地面（图1.4）。21世纪初，在加拿大靠近美国阿拉斯加州的一个冰湖表面上，当地的一名飞行员发现了一些很像是陨石残块的东西，他立刻邮寄给美国宇航局专家。专家鉴定认为，这是一块碳质球粒状陨石，构成它的星尘和构成早期地球的星尘完全一样。按此线索，一支科学家考察队迅速赶往冰湖，仔细搜寻散落的陨星残块，最终找到了很多残块。这些残块保持着陨星几十亿年前形成时的原始状态，静静地讲述地球的起源故事。

图1.4　陨石坑

　　根据陨石中放射性元素的衰变速度，科学家就能算出陨石的年龄。通过对陨石的检测发现：几乎所有陨石的年龄都是亿年量级，这就意味着所有的陨星和行星在太阳系早期就迅速形成了。年轻的地球刚刚成形时，地球自身巨大的引力将来自太空周围的残骸拉向自己，于是地球便接连不断地遭遇撞击产生巨大的热能。同时，地球内部的放射性元素衰变也产生了大量的热量，导致地球表面已变成一座熔炉，形成"熔岩之海"，深度达成百上千千米。铁元素等重元素逐渐下沉，那些轻质元素和富含碳和水的轻质成分漂浮在地球表面。

　　科学家经过演算认为当时的地球不是一个适合生物存在的星球，如今美丽的星球就是在过去"炼狱"基础上诞生的，其中很多成了地质历史遗址，成为今天地质学家和游客探寻的胜地。

第二节 了解地球的年龄

"世界地球日"起源于1970年的美国；中国从20世纪90年代起参与这一纪念活动，进行相关宣传；2009年4月22日，第63届联合国大会一致通过决议，将之后每年的4月22日定为"世界地球日"，希望引起更多有识之士关注我们自身的生存环境，地球这颗蔚蓝色的星球作为人类唯一的家园正得到越来越多人的关注。

地球这个人类既熟悉又陌生的星球仍然蕴藏了太多不为人知的秘密。地球到底多少岁了？地质学家利用先进理论和科学技术测定，今天的地球已经有近46亿岁了！

一、地球年龄的测定

1. 早期科学尝试

地球年龄的推算是经过假设、方法验证、失败多次循环而最终成功得出的。随着工业革命等技术革命的开始，社会生产力水平大力提升。科学家利用科学理论与神创论进行了斗争，最终改变了当时人们关于地球年龄的错误认识。

1899年，乔利（John Joly，1857—1933）使用盐的迁移法计算出海洋年龄，从而推断出地球年龄。这种方法假定在地球诞生之时的海水为淡水，陆地上的水对地表进行侵蚀和溶解岩石中的盐，盐就和河水一起进入海洋。如果盐的迁入速度保持不变，测得海水的盐度后，可以通过计算盐分由河流进入海洋的速率而得出地球海洋的年龄。乔利的结论为8000万～9000万年。尽管这种算法很有问题，比如盐的输送速度可能不恒定、盐会经过多次反复循环等，但比神创论已经推进很多。

还有科学家使用沉积年龄法。地球从沉积开始至今的年龄被称为沉积年龄，如果知道地球上物质沉积的总厚度和每年沉积增加的厚度，便可计算出地球的年龄，结果估算出地球年龄为2.5×10^8年。同样，这个理论也存在问题：个别沉积年龄能否代表整个地球的沉积年龄等。

2. 放射性测年的突破

1896年，法国物理学家安东尼·亨利·贝克勒尔（Antoine Henri Becquerel，1852—1908）（图1.5）无意中把一个铀矿岩石标本放到了一张包好的未洗胶片上，照片洗出后显示出了岩石标本的轮廓，从此发现了元素的放射性，这为真正测定地球年龄带来希望。

科学家们进一步发现放射性元素是能够自发地从不稳定的原子核内部放出粒子或射线，最终衰变形成稳定的元素而停止放射。在天然条件下，放射性元素衰变的速度不受外界物理化学条件的影响而始终保持很稳定，例如1克铀中一年之后有1/74亿克衰变为铅和氦，这样大概经过约45亿年以后，大体就有1/2克衰变为铅和氦。这正是以前科学家梦寐以求的速率恒定而又量程极大的变量尺度。根据测定岩石或矿物中某种放射性母体同位素及其衰变成的子体同位素的含量，一般说来就可以计算出该岩石体系的形成年龄。

1903年，居里夫人（Marie Curie，1867—1934）（图1.6）等首先提出利用天然放射性物质测量地质年代的可能性，使得同位素地质年代研究进入地质学。放射性元素在地球上分布很广，比较易于测算的铀在许多岩石中都有，它衰变产生的氦是气体，容易散失，铅会留下来。因此，根据一块岩石中含有多少铀及多少从这些铀分裂出来的铅，就能够算出这块岩石的形成年龄，且比较准确。科学家用这种方法推算出地球上最古老的岩石大约距今38亿年。

图1.5　安东尼·亨利·贝克勒尔　　图1.6　居里夫人

1973年，在格陵兰发现了距今40亿年的岩石，2008年，在加拿大又发现年龄为42.8亿年的岩石，这是迄今为止发现的最古老的岩石。考虑到在地壳形成之前，地球还经过一段表面处于熔融状态的时期，科学家们认为加上这段时期，地球的年龄应该是46亿年。随后的另外几种测年方法同样佐证了这一结果。

3. 间接方法的佐证

根据现代宇宙学理论，科学家们认为，太阳系中的行星体大体上是在同一时间形成的，即太阳系中的行星体都是同龄的，因此，借助陨石年龄测定可以佐证地球年龄。

地球上的陨石（图1.7）多数来自火星和木星间的小行星带，小部分来自月球和火星，利用元素衰变的原理对各类陨石进行测定，结果显示，年龄均值主要落在45.4亿～45.7亿年。此外，一个间接证据就是月球，因为月球是离地球最近的太阳系成员，月球表面仍保留了许多早期形成时的原始物质。研究者

图1.7　陨石

通过对人类登月采集的月球样品的分析测年，月球表面上最古老的岩石年龄为45.2亿～46.0亿年，粉尘的年龄刚好是46亿年。各种间接的研究方法有力地证明了地球年龄是46亿年！

二、地球的地质年代

地球自形成以来被分成了不同的时期，即地质年代。判定地球的年龄分期，需要建立地层和各种地质事件的事件标尺。在放射性元素衰变测年方法出现之前，研究者使用相对地质年代方法进行划分。随着测年技术的发展，研究者在相对地质年

代的基础上，应用同位素地质年代进行准确的测年，二者相辅相成，制定了可以反映地球历史发展的顺序、过程和阶段的地质年代表。

地质学家和古生物学家根据地层自然形成的先后顺序，将地层分为"宙""代""纪"等地质年代单位，与计时单位的"时""分""秒"意义类似。大体顺序如下：地球形成初期称为冥古宙，这时期生命现象开始出现；原核生物出现的时期称为太古宙；绿藻及真核生物出现的时期称为元古宙；将可看到一定量生命以后的时代称作显生宙。宙下划分有：始太古代、古太古代、中太古代、新太古代、古元古代、中元古代、新元古代、古生代、中生代、新生代10个代。代以下的划分单元为纪，例如中生代划分为三叠纪、侏罗纪和白垩纪。纪下面还有分级单位，如"世"，一般是将某个纪分成几个等份，如新生代依次分为古新世、始新世、渐新世、中新世、上新世、更新世、全新世等，详见表1.1。

电影《侏罗纪公园》讲述了侏罗纪时期地球的主宰者——恐龙的故事。据研究，侏罗纪时期地球的气候温暖湿润，对恐龙等爬行动物的繁衍十分有利，翼手龙和飞龙在天空中滑翔掠过，鱼龙和蛇颈龙在海洋中搏击风浪，梁龙、剑龙和雷龙在陆地上四处觅食，地球真正成了恐龙等爬行动物主宰的世界（图1.8）。

图1.8　恐龙世界示意

表1.1 地球的"朝代表"——地质年代表（参考2020年国际地层委员会的国际年代地层表）

地质年代			距今时间范围（单位：年）
显生宙	新生代	第四纪	258万*～今天
		新近纪	2303万～258万
		古近纪	6600万～2303万
	中生代	白垩纪	1.45亿～6600万
		侏罗纪	2.01亿～1.45亿
		三叠纪	2.52亿～2.01亿
	古生代	二叠纪	2.99亿～2.52亿
		石炭纪	3.59亿～2.99亿
		泥盆纪	4.19亿～3.59亿
		志留纪	4.44亿～4.19亿
		奥陶纪	4.85亿～4.44亿
		寒武纪	5.41亿～4.85亿
元古宙	新元古代		10亿～5.41亿
	中元古代		16亿～10亿
	古元古代		25亿～16亿
太古宙	新太古代		28亿～25亿
	中太古代		32亿～28亿
	古太古代		36亿～32亿
	始太古代		40亿～36亿
冥古宙			45亿～40亿

* 注：通常可近似认为第四纪开始于距今260万年前

【知识延伸】

在法国、瑞士交界的阿尔卑斯山区，有一座名为"侏罗"的山，从19世纪初开始就有许多人来这里从事科学考察活动，今天在地质学上应用的一些理论或概念都得益于当时对"侏罗"山区的认识。因为这一地区的地层发育特别完整，经过测定认为其形成于地质历史的中生代中期，于是将这一时期取名"侏罗纪"。现在侏罗纪是一个地质年代，它是地球中生代时期的一个纪，介于三叠纪和白垩纪之间。

第三节　地球历史上的除夕夜

地球在经历了一场生物物种大爆发之后，进入了新生代的第四纪，迎来了除夕夜般的短暂和华丽，如果我们把由古至今比作一年的话，把地球的年龄缩短为365天，那么新生代第四纪便开始于除夕夜的19点。经历了一年的摸爬滚打，大自然终于迎来了温馨的除夕夜。

在大千世界美妙绝伦的画卷中，大地活跃，海平面波动，沧海桑田的变幻，生命在不断发展。中国有盘古开天地的美丽传说，世界各国也有类似的神话故事。海平面的交替变化体现在大陆冰盖的积厚和消融，冰期的低位海平面和间冰期的高位海平面交替一次就构成了一个海平面升降旋回。在美国的墨西哥湾沿岸区域，可辨别出在最近的300万～250万年时期出现过8个旋回。根据不同方面的研究资料，描绘出了新生代古海洋的轮廓，这些对推断的第四纪海平面波动的显著事件提供了清楚可见的显示。因此，掌握一系列数据资料，比如，了解海洋关闭时间、开放时间，了解周边地区的地形、地貌和环境特征，有利于对古海洋以及海平面升降进行更详细的重建。

亿万年的历史雕琢出地球上奇特的地质景观和如画的自然风景。悠久而又厚重的地球历史，是一部永远写不完的书籍。它今天的钟灵毓秀掩盖了亿万年的沧桑。大自然鬼斧神工，将续写地球更新更美的篇章。

第二章　第四纪——上天青睐的世纪

第一节　第四纪的由来

地球演化至今进入第四纪，第四纪最适合人类生存。6500万年以前，地球在经历了一次生物大灭绝之后，地球生命绝处逢生，走进了新生代，掀开了生命历史上崭新的一页，新生代是地球演化历史上最近的一个时代，属于地球的最新阶段，而第四纪就是最新的阶段中最新的一个纪。

为找寻第四纪的来历，很多学者追根溯源。法国学者J. 德努瓦耶1829年考察法国巴黎盆地塞纳河洼地的沉积层时，发现了比第三纪（后分为古近纪和新近纪）更新的地层。因此学界把覆盖在古近纪和新近纪地层上的松散沉积物重新定义，提出"第四纪"这一概念，一直以来延续运用。由于当时世界地质研究水平很低，对岩层的研究并不透彻细致，"第四纪"的概念并没有得到大多数专家同行的认可。

自从"第四纪"概念提出以来，受到专家学者的多方质疑，比如"第四纪"这一名称应不应该存在？如果它存在，关于其下限如何确定等。在争论了170余年后，多数学者逐渐倾向接受这个概念，前国际第四纪联合会主席John Clague教授义正言辞地强调提出最有震撼力的一个口号，就是"第四纪一词是我们第四纪研究群体的象征，我们不允许任何人诋毁她"。国际地层委员会(International Commission on Stratigraphy, ICS)推荐的第四纪的下界年龄为180万年，但是由于260万年是中国黄土开始沉积的底限年龄，所以，我国地质学家、专家学者，尤其是第四纪地质学家大都采用260万年作为底限。2004年春，ICS公布的最新的"国际地层表"对从寒武纪到新生代的不少地方作了修订。在新生代部分中，大家最熟悉的第四纪被无情地取消了，这在国际地学界，尤其是在做第四纪研究的专家学者中，引起了很大震动，他们纷纷拿出了文章与研究成果，来表达愤怒和抗议。我国第四纪最有权威的专家之一刘东生先生，2004年9月在《第四纪研究》上发表《关于是否在地层系统中取消"第四纪"》的文章，呼吁国内外研究学者，针对第四纪踊跃发表意见，引起了中国研究第四纪学者的再度重视，并参与进来。一次学术大讨论之后，国际地质科学联合会（International Union of Geological Sciences, IUGS）在2009年正式批准了ICS的提案，将第四纪作为正式地层单位，代表符号为Q，并确定了第四纪下限为260万年，至此"第四纪"才算有真正的"户口证明"。无论从海洋还是陆地的沉积物、化石等都在证明在260万年前后均发生着明显的降温事件，特别是以刘东生为代表的中国地质学家基于黄土地层的研究，为第四纪下限的确定提供了重要的论据，从而捍卫了第四纪在地质研究中不可或缺的位置。

在中国，全球变化研究特别是古全球气候变化研究有着得天独厚的优势，各种丰硕成果使中国为"第四纪"重现提供了强大的推动力。中国学者在黄土研究、青藏高原隆升、山地冰芯等方面取得的丰硕成果，都充分证明了中国发生过第四纪冰川活动，为第四纪下限的确定奠定了充足的冰川论据。

一、世界屋脊——俯瞰全球第四纪的云梯

青藏高原（图2.1）在第四纪之前就达到了海拔2000米的高度，它就像地球表面突出的按钮，成为全球气候环境的启动器。姚檀栋等在得到青藏高原和临近地区的冰芯记录和仪器观测记录后，分析了不同时间尺度青藏高原气候变化幅度问题，根据对过去10万年、2000年和现代等几个关键时段气候变化特征的研究发现：青藏高原气候变化幅度大于低海拔地区。从历史资料分析，我国最近600年的气候变化中的3次冷期和3次暖期都是在青藏高原出现最早。在百年尺度上的冷暖变化青藏高原比我国东部要早10~60年。这些强有力的证据都真切地证明了青藏高原是全球气候的放大器——它在研究全球气候变化方面，把结果放大，清晰地呈现在人们面前。

二、解读黄土——地球上最完整的天书

中国黄土（图2.2）和漫天飞舞的沙尘似乎在讲述自己的身世。在陕西洛川，暴露在外的135米黄土与古土壤交替的剖面地层，成功吸引到第四纪专家

图2.1　青藏高原

图2.2　黄土地貌

学者的目光，它对第四纪的研究起到了举足轻重的作用。第四纪以来，中国典型黄土开始堆积，有效证明了第四纪下限的专业性及科学性，因此，它是第四纪的"宠儿"。西北部地区，由风吹蚀这些沉积物形成的黄土与古土壤交替的剖面类型，让我们真切地感受到两亿多年的气候冷暖交替的变化。黄土中含有40%～60%的石英，通过测量每层黄土古土壤中石英的参考年龄而得到地层的年龄，经过缜密的实验测量相关数据，也充分佐证这一理论的准确性。这些都为第四纪的名字由来提供了重要依据。

三、山地冰川——加快了第四纪研究进程

冰川是记录第四纪冷暖的印记。根据第四纪地质学研究者的观点，第四纪时期气候发生剧烈变化，全球气候表现出了明显的冰期和间冰期交换的模式。记录在冰川上，使高纬度冰川多次明显地发生进退，低纬度地区也受到较大的影响。这一观点的起源，最早是从20世纪30年代，李四光走进中国东部山地时，他提出了庐山和中国东部山地的第四纪冰期的论点。从此，中国东部山地是否曾经出现过第四纪冰川的问题，一直困扰着中国及国外的地学工作者，并引起了旷日持久的争论。直到20世纪80年代，在经过了大量的野外实地考察和室内分析工作，以及施雅风、崔之久和李吉均等人的深入研究后，才得以论证。

三位专家撰写的《中国东部第四纪冰川与环境问题》一书，对中国东部第四纪冰川得到以下基本认识：（1）在中国东部的陕西太白山、吉林与朝鲜接壤的长白山、台湾的雪山和玉山等，发现有确切证据的古冰川遗迹，而在第四纪中国庐山及中国东部海拔2000米以下的山地从来没有发生过冰川活动。（2）有些认为是"泥砾"的松散沉积物，是"混杂堆积"的一种，一些疑似冰川的地貌，比如，疑似冰斗、疑似角峰等，都可用别的成因解释清楚，那些所谓的冰川沉积物，在大多数情况下，是在季风气候条件下而形成的古泥石流堆积。（3）在中国东部第四纪环境发生强烈变化的地区，第四纪冰期中国北方多年冻土南界向南扩展了约10°，并到达长城一带，中国东部地区年平均温度降低

10～12 ℃。喜冷动物向南伸展，分布到达了长江口一带。当时，海平面下降约140米，古海岸远离现代海岸达600千米。气候干冷，冬季风明显加强，这样的条件并不利于冰川的形成。（4）根据过去几十年的资料显示，中、晚更新世中国西部山地发生过3～5次冰期，但不存在统一的大冰盖。由于隆升时间的限制，青藏高原非常年轻，只是在距今80万年之后才抬升到海拔3000米以上，进入冰冻圈，并发育冰川。

四、人类的出现

人属中的智人走进了第四纪的视线，使得第四纪下限更加明朗。在1948年，第十八届国际地质大会确定，当以真马、真牛、真象的出现作为划分更新世的标志。而陆相地层以意大利北部的维拉弗朗层，海相以意大利南部的卡拉布里层的底部边界作为更新世的开始。中国是以泥河湾层作为早更新世的标准地层，将第四纪分为更新世和全新世，其相应地层称为更新统和全新统。更新世也叫洪积世，绝大多数动植物数种与现在相似，是从距今260万年开始，结束于距今1万年，属于第四纪的前期。根据动物种群的性质、堆积物的特征和其他环境方面的因素，将更新世又分为早更新世（距今260万～78万年）、中更新世（距今78万～13万年）、晚更新世（距今13万～1万年）。

第四纪植物界的面貌已与现代相当，而哺乳动物的进化在这一阶段最为明显，人类的出现并进化更是第四纪中最重要的事件之一。哺乳动物在第四纪时期的进化主要表现在属种的更新而不是类别上的更新。在更新世早期，出现了真象、真马、真牛，哺乳类以长鼻类、偶蹄类、新食肉类等的大量繁殖和飞速发展为特征。在更新世晚期，有些哺乳动物的类别和属种相继衰亡，有的甚至灭绝。到了全新世，也就是第四纪阶段的后期，哺乳动物的种族和特征已经和现代表现基本一致。大量的化石资料证明，人类最早是由古猿进化而来的。从古猿向人的方向发展的大致时间，一般认为至少是在1000万年以前。而高等陆生植物的特征，在第四纪中期以后就与现代基本相似了。在气候方面，由于冰期和间冰期的交替变化，并逐渐形成现在的寒带、寒温带、温带、亚热带和热带植物群气候特征。260万年来的气候变化也复杂多样。早更新世早期以寒冷为主，后逐渐变得温暖，继而又变得寒冷。中更新世总的特征是两冷夹一暖，晚更新世经历了气候温暖湿润的末次间冰期和干燥寒冷的末次冰期。我们身边处处都存在气候变化留下的印记：树木年轮的宽窄——年轮较宽代表当时的气候温暖湿润，适合植物生长；年轮较窄说明那时的气候寒冷干燥，故植物储存的有机质较少，生长较慢。植物化石中的叶子类似——叶面积较大，说明当时气候温暖湿润，生长较快，反之，则叶面积较小。

【知识延伸】

研究认为，古猿与最早的人之间的根本区别在于人能制造工具、使用工具，特别是制造石器。制造工具并开始劳动，使人类根本区别于其他一切动物，是劳动创造了人类。人类另一个重要特点是能直立行走。

第二节 地貌丰富的新时代

俯瞰第四纪的地表，新构造运动（主要指喜马拉雅构造运动）让地貌十分绚丽多姿、雄伟壮观：有高耸入云绵延千里的高山，有一望无边的海洋，有莽莽草原一马平川，有粗犷的黄土沟壑，有让绵延的地形戛然而止的断裂，有奔腾的江河，也有千回百转的小溪……这些直观的地貌类型称为新构造地貌。

第四纪地貌景观纷繁复杂，根据地表的起伏状况及平均海拔高度差异可以分为5种基本地貌形态：高原、平原、山地、丘陵和盆地等。

一、高原

"我看见一座座山，一座座山川，一座座山川相连，呀啦索，那就是青藏高原……"一首《青藏高原》唱遍了大江南北、长城内外。歌中唱及的青藏高原就是典型的高原地貌，分布在中国西南的西藏自治区、四川省西部以及云南省部分地区，西北青海省的全部、新疆维吾尔自治区南部以及甘肃省部分地区。整个青藏高原还包括不丹、尼泊尔、印度、巴基斯坦、阿富汗、塔吉克斯坦、吉尔吉斯斯坦的部分，总面积近300万平方千米。在中国境内，其面积为257万平方千米，平均海拔4000～5000米，是地球上海拔最高的高原，有"世界屋脊"和"第三极"之称。

高原是海拔一般大于1000米、面积较大、地形开阔平坦，四周较为陡峻，比较完整的大面积隆起地区。与周围的低地相比，巨大的高原主要是由于长期的、连续的、大面积的面状隆起而形成的。各个高原隆起的速度不同，形态千差万别。

二、平原

提起平原，人们脑海里浮现的往往是一马平川、沃野千里的壮阔景观。平原，顾名思义就是平坦的土地，其海拔一般在0～200米，地面平坦或起伏较小，主要分布在大河两岸和濒临海洋的地区。平原地区一般水源充沛，土壤肥沃，经济发展较为快速，优越的生存条件也使平原成为人口集中分布的地方。

在中国也有诸多大大小小的平原，东北平原、华北平原和长江中下游平原是中国主要的三大平原。

三、山地

汉字中的"山"字是一个典型的象形文字，它是古人按照山的形状创造出来的，由自然界中的山形高度抽象演化而来，简洁而优美。目前通过科学手段对山有了准确的定义，是指海拔在500米以上的高地，起伏很大，坡度陡峻，沟谷幽深，一般多呈脉状分布。山地是大陆的基本地形，分布十分广泛，尤其是亚欧大陆和南北美洲大陆分布最多。中国的山地大多分布在西部，喜马拉雅山、昆仑山、唐古拉山、天山、阿尔泰山都是著名的大山。

山的形成原因是相当复杂的，包括构造隆起、火山作用等，由此形成不同类型的山，同时其后期受到的各种外力地质作用也是复杂的，这使得山更加充满神秘色彩，并且山地中蕴含的丰富矿产资源与人类的生产生活关系日益密切，这也更增加了人类深层次发掘认识各种山的真实面貌的兴趣。

四、丘陵

丘陵一般指海拔在200米以上、500米以下，相对高度一般不超过200米，起伏不大，坡度较缓，地面崎岖不平，由连绵不断的低矮山丘组成的地形。丘陵的形成原因有很多，例如小型山脉的风化残留，下沉风造成的堆积、冰川运动造成的堆积、植被造成的堆积、河流造成的侵蚀等，还有一些人为作用形成的丘陵，比如露天开矿造成的堆积、古代居民点造成的堆积、园林工艺故意造成的丘陵地区等。中国的丘陵约有100万平方千米，约占全国陆地总面积的十分之一。其中，山东丘陵、辽东丘陵和东南丘陵是我国主要的三大丘陵。

五、盆地

地球上分布着很多盆地，这些盆地特点不一。位于赤道地区的刚果盆地，由于受到四周高山阻挡，雨云不易扩散，导致降水量丰沛，植物生长繁密。而深居中国内陆的塔里木盆地，因为周围高大山脉的阻挡使得来自海洋的湿润空气无法进入，导致内部气候干燥，降水稀少。但是塔里木盆地光照条件优越，利于棉花生长，自古便是我国优质的产棉区，此外，这里的石油天然气资源也相当丰富。盆地就像大自然赋予人类的聚宝盆，只要善加利用，就能发挥出它们的最佳优势。塔里木盆地、准噶尔盆地、柴达木盆地和四川盆地是中国主要的四大盆地。

除了以上的分类方法，根据地貌成因进行分类的方法也较为通用。但是，任何一种地貌景观都不是由一种地质作用形成的，人们所见的高山流水诸多景观都是多种因素综合作用形成的。因此一般情况下，会依据起主导作用的地质作用来进行分类。形成地貌景观的地质作用一般分两大类。一是内力地质作用，因地球内部能量产生，主要发生在地下深处，有的可波及地表，主要包括：构造运动、岩浆活动、地震作用和变质作用等，以这些地质作用为主，一般会形成大型山脉、构造平原、火山地貌等。另一种地质作用就是外力地质作用，因地球外部能（太阳能为主）而产生，它主要发生在地表或地表附近，主要包括：风化作用、侵蚀作用、搬运作用、沉积作用、固结成岩作用等。这些外力地质作用长期对内力地质作用形成的基础地貌进行"加工"，形成千姿百态的现代地貌。

第三节 上天为何青睐第四纪

在地质历史长河中，第四纪是上天垂青的一段时期。第四纪——充满神奇的地质时期。生命体的进化，使第四纪多姿多彩；自然界的竞争，使第四纪文明攀升；人类的出现，更是这个时期最珍贵的礼物。人类出现并迅速发展，从此故事与旋律齐驱，生命与智慧并存。因此，人们不禁要问，上天为何如此青睐第四纪？

一、气候变化，无与伦比

大约在距今1400万～1100万年前的新近纪，冰期已经开始，随着冰川进退，雪白的"帽子"在地球的高纬度、高山地区变大变小，变宽变窄。气候冷暖交替的变化，使地球神奇多变而又美轮美奂。在"帽子"变大时期，即冰期，是具有强烈冰川作用的地史时期，又称冰川期。冰期又有广义和狭义之分，广义的冰期又叫作大冰期，狭义的冰期是指比大冰期低一层次的冰期。在大冰期，地球上气候寒冷，大地冰冻、两极地区冰盖增厚，甚至是在地球的低纬度地区也出现强烈的冰川作用。大冰期中气候较寒冷的时期称冰期，较温暖的时期称间冰期。大冰期及冰期和间冰期都是依据气候划分的地质时间单位。

第四纪出现冰期和间冰期明显交替的气候旋回。针对气候旋回，各国学者深入研究，通过对粒度、磁化率等的研究尤其是黄土古土壤剖面的研究，对研究第四纪以来的气候变化提供了重要的科学论据。近年来，第四纪测年法的研究和进展，对第四纪气候研究无疑是雪中送炭，使其更加科学、严谨。

大冰期的持续时间相当地质年代单位的世或大于世。大冰期的出现有1.5亿年的周期。冰期、间冰期的持续时间相当于地质年代单位的期。在地质史的几十亿年中，全球至少出现过3次大冰期，公认的有前寒武纪晚期大冰期、石炭纪—二叠纪大冰期和第四纪大冰期。在冰期最寒冷时期，北半球高纬地区形成大陆冰盖，格陵兰冰盖把格陵兰和冰岛全部覆盖；劳伦大冰盖覆盖了整个加拿大，并向南延伸到纽约和辛辛那提一带；斯堪的那维亚冰盖达到48°N，几乎把欧洲的一半都掩埋住，冰盖最大厚度约达3000米；西伯利亚冰盖占据了西伯利亚北部，大约达到60°N；许多高山地区，如阿尔卑斯山、高加索山、喜马拉雅山等都出现了较大规模的山地冰川。在南半球，南美南端、澳大利亚东南部、新西兰等地也发现有第四纪冰川的遗迹。这些冰川曾发生多次进退，每次活动都遗留下具有特色的堆积物。第四纪冰川活动的历史就是根据冰碛物①的研究结果复现的。冰川活动过的地区，遗留下来的冰碛物是冰川研究的主要对象。相对而言，第四纪冰期冰碛层保存最完整、分布最广、研究最为详尽。在第四纪，依冰川覆盖面积的变化，可划分为几个冰期和间冰期，冰盖地区少则占陆地表面积10%，多则可以达到30%。但由于地球的面积太大，冰川不可能整体进退，各大陆冰期的冰川发育程度有很大差别，如欧洲大陆冰盖曾经达48°N，而亚洲只达到60°N。

二、海进海退，升降旋回

第四纪是一个热闹非凡的时期。海平面的低水位和高水位交替变化一次就构成了一次海平面的升降旋回。气候变化、地壳运动等原因带来海平面的升降，包括绝对变化和相对变化两种含义。如今的研究多从相对变化入手，科学界提出了基准面这一概念，即以陆地为基准，通过不同时期的海平面与陆地基准的相对高度关系来判别海平面的变动。

---

① 冰碛物：冰川堆积作用过程中，所携带和搬运的碎屑构成的堆积物，又称冰川沉积物。

【知识延伸】

1841年，麦克拉伦首先提出更新世海平面的振荡性，把海平面变化归结为气候变化所致，并称之为冰川型海面变化。1865年，杰米森认为海平面变化曲线主要归结于区域构造运动的性质和幅结度，以及沉积物压缩性等原因。1906年，休斯提出全球海面升降理论，认为沉积物增加会引起全球性海面上升；地壳沉降形成洋盆时，则引起海面下降。20世纪50年代末至70年代早期，海平面变化研究工作迅速地由定性阶段发展到定量阶段。大量^{14}C数据表明，最后一次冰川作用始于7万年前，距今1.8万年左右达到最盛期，约止于1万年前。冰川最盛期的最低海面位置，随着冰盖厚度研究的深入而有较大进展：1950年以前估算值为-100米左右；1969年弗林特根据1953年以后南极大冰盖厚度，修正为-132米。

墨西哥湾地区是一个研究海洋更新世记录和确定海平面升降旋回的理想区域。因为该地区的沉积物厚度大，沉积环境多样，质好量多的地震测量和钻井资料以及该地区接近经典的北美大陆冰川区，使其成为一个颇有研究价值的地区。

在中国黄、东海大陆架，距今1.5万年前的最低海面为-160～-150米。对于全新世早期海平面迅速上升运动，已获得较一致的看法；对近6000多年来的海面变化，主要有3种不同的观点：大西洋期（距今7000～5000年）结束时海平面比如今高约3米；全新世不存在高海面；3600年来海平面是稳定的。

三、造山运动，沧海桑田

早在20亿年前，现在的喜马拉雅山脉的广大地区是一片汪洋大海，称为古地中海，它经历了漫长的地质时期，一直持续到距今3000万年前的新生代古近纪末期。那时这个地区的地壳运动总的趋势是连续下降，在下降过程中，海盆里堆积了厚达3万余米的海相沉积岩层。到古近纪末期，地壳发生了一次强烈的造山运动，在地质上称为"喜马拉雅运动"，使这一地区逐渐隆起，形成了世界上最雄伟的山脉。经地质考察证明，喜马拉雅的构造运动至今尚未结束。在第四纪冰期之后，喜马拉雅山脉迅速长高了1300～1500米，奠定了其世界第一高峰的基础。事实上。除喜马拉雅山脉之外，陆地上新的造山带是第四纪新构造运动最剧烈的地区，如阿尔卑斯山等。

【知识延伸】

喜马拉雅山脉是世界海拔最高的山脉，位于中国与尼泊尔之间，分布于青藏高原南缘，西起克什米尔的南迦—帕尔巴特峰（北纬35° 14'21"，东经74° 35'24"，海拔8125米），东至雅鲁藏布江大拐弯处的南迦巴瓦峰（北纬29° 37'51"，东经95° 03'31"，海拔7756米）（图2.3），连绵不断横亘2500千米。喜马拉雅山脉从南至北的宽度为201～402千米，总面积约为594,400平方千米。雄伟的喜马拉雅山脉包括世界上多座高山，有110多座山峰高达或超过海拔7350米，其中世界最高峰珠穆朗玛峰，高达8848.86米（2020年测得）。这些山的伟岸峰巅耸立在永久雪线之上。

图2.3　喜马拉雅山脉的南迦巴瓦峰

四、天时地利，物种繁荣

第四纪是地球发展的最新时期，其生物圈是由古近纪和新近纪生物圈演化而来的，在演化的过程中受环境因素的影响，使得第四纪生物圈不同于古近纪和新近纪生物圈。第四纪气候的波动性对生物分布产生重要的影响：从酷热的北非到严寒的西伯利亚，从最深的马里亚纳海沟到最高的喜马拉雅山脉，生物无处不在，让这个世界少一分孤寂，多一分姿态，多一分绚丽。

第四纪动物群在冰期和间冰期过程中不断地发生着变化。第四纪初期阶段，在欧洲广大区域里生活着喜暖的动物群，包含古近纪、新近纪和第四纪初的动物，例如从上新世过渡到第四纪的剑齿虎。欧洲在冰期前具有代表性的动物群中还有南方象、司氏马、双角犀、大河狸等，这些喜暖动物群到较晚期的更新世已不复存在。冰期时，喜暖动物群向东迁移；到间冰期时，动物生存范围扩大，有喜冷动物群和喜暖动物群的明显划分，特别在中更新世表现得非常突出。喜冷动物群时常迁徙和喜暖动物群混合。同一地点，可以发现两种动物群共生在一起。哺乳动物是脊椎动物中最高等的一个纲，它具有一系列的进化特征，这些特征使哺乳动物在复杂的环境中得以生存和发展。其进化特征最明显的部位是头骨、牙齿和角。

在第四纪时期，全球可以分为5个哺乳动物分区，这5个区的分布与现代动物分区基本相符，分别为：古北区（指围绕北极的大片地区，包括欧亚大陆和北美洲）、东洋区（包括印度、巴基斯坦、伊朗南部、印度半岛及太平洋诸岛）、热带区（指非洲撒哈拉以南地区和阿拉伯半岛）、新热带区（指中美洲、南美洲及西印度群岛）、澳洲区（澳大利亚和新西兰）。上述这些地理分区是大陆动物迁徙的产物。动物的迁徙不仅决定了今日广大区域内动物群面貌的相似性，同时也决定了一些地区动物群的特殊性。

第四纪哺乳动物的迁徙，是动物适应环境变化和海陆分布格局改变的结果。在第四纪期间，冰期环境对动物的迁徙具有巨大的意义。冰期海水下降，使大陆架出露海面，许多地点形成陆桥，便于陆上动物的迁徙，后来到暖期海水重新淹没，把动物从原地区分隔开来。例如，由于海面升降，欧亚大陆和北美大陆之间的白令海峡曾多次出露水面成为连接两个大陆的路桥，使得动物群之间有较多的交流。欧洲和非洲动物之间也因海水干涸有过来往。在欧洲大陆，第四纪期间喜马拉雅山及青藏高原的隆起，造成生物群南北隔绝，使两边动物群之间存在明显差别。南美洲和澳洲长期与其他大陆处于隔离状态，导致不同地区有着特殊的动物群。

第四纪期间，环境发生变化时，动物大规模迁徙并且发生种属的演变，能适应环境的种属得到繁衍。哺乳动物种属的演化以象的研究最为深入，而马的进化则被视为动物适应环境发生变异的突出例子。始新世的始祖马短小而具小尖突起的牙齿和多趾而又肉掌的脚，可以适应湿湿的低矮灌木林环境。中新世以后，气候变干，森林向草原过渡，出现了草原古马和三趾马。第四纪气候变冷，温带草原广布，为了适应干燥广阔的草原环境，出现了高冠齿和单趾的现代马。

在北半球低纬度地区，第四纪动物群组合没有太多变化，而在中、高纬地区，受第四纪气候变化影响，哺乳动物群组合的演替明显，这就形成了北方动物进化快、种属复杂的现象，它们不断从北向南扩散。第四纪海洋盆地的无脊椎动物变化较小，孤立的内陆海和半封闭的海盆里的无脊椎动物变化较为显著。同一海中的动物差别，可以用洋流来说明。在寒暖流靠近地区，既有由北部带来的喜寒的软体动物，亦有由南方带来的喜暖的软体动物。

第四纪时期，热带植物区系未受到寒冷气候的影响而得以繁荣发展。这些地区的植物具有古近纪和新近纪区系的特征。热带植物混生一些带着休眠期生活史型的种类，很可能是在第四纪时期从温带、亚热带迁徙而来的。植被的分布与群落演替，亦符合气候摆动的规律。第四纪植物的种属由于地面气候条件的改变，特别是在北半球，植物群落的配合和分布发生了变化。到第四纪时，植物向北迁移，当然植物迁徙有异，各个间冰期的植物群并不一样。这种第四纪植物群变化的情况在亚洲、欧洲和北美都能看到。

五、生命智慧，人类进化

太阳与地球处在不远不近的距离，遥遥相望却又普照万物，它是地球气候系统的主要能源，带来地球上的风云变幻，塑造了第四纪的丰富多彩。人类正是在第四纪出现，而人类到底发源于哪里，到底是如何演变成现代人，古人类学家一直在努力寻找正确的或者接近正确的答案。现在一般认为在1000万年前的热带非洲，随着森林的消失，一些大型灵长类动物开始利用后腿站立起来，并利用双足行走。它们和其他灵长类动物一样，在森林中面对各种危险，保护自身，并不断适应环境，它们开始使用工具，组成社会团体。大多数古人类家都认为：人类早期尚未形成"社会"时的自然人（即真人）是以制造工具为标志，真人出现以前的人类祖先，科学家们称之为"前人"。直立是前人从人猿共祖主干上分离的形态学标志，他从主干分离的地区可谓人类最早的摇篮。真人不断演化发展，最后成为现代人，同时形成现代不同的人种，这个进化过程完成的地区便是人类演化最后的摇篮。

【知识延伸】

第四纪是人类出现并迅速发展的时代。人类的发展历史被划分为以下五个主要阶段：南方古猿、能人、直立人、早期智人和晚期智人。距今约100万年以前，直立人从非洲扩散到亚洲、欧洲等地。在中国发现的元谋人、北京人（图2.4）都属于直立人。在更新世晚期，大约距今3万～2万年前，现代人类通过白令陆桥进入北美洲并向南迁移。进入全新世后，现代人分布到除南极洲以外的各个大陆，并且成为唯一生存至今的人科动物。他们翻山越岭，寻找

图2.4 北京人劳动生活想象图（周口店北京人遗址博物馆展品）

着适宜自己生存的环境，并不断地改变自己以适应周围环境的每一处细微的变化。他们一次又一次地经受着自然环境的肆虐，经历着或微小或毁灭性的打击。随着时间的推移和生存的一次又一次的历练，人类学会了种植农作物、驯化动物、修建村庄、改善周围环境，慢慢地，人类成为了动物王国中最强大的种群。

第三章　壮观的地质与地貌天书

第一节　地球上的千姿百态

人们常说"三分陆地，七分海洋"，意为陆地的面积仅仅占整个地球表面的30%。目前科学家已经计算出更加准确的海陆比例，即海洋占地球表面积的70.8%，而陆地只占29.2%。海洋是广阔无垠的，一望无际的海水让海洋的色调略显单一，相反，陆地虽然相对狭小，但是大自然的鬼斧神工却造就了其五彩缤纷、千姿百态的形态，犹如"天书"一般记载很多神奇的故事。陆地也是人类赖以生存的基础，千百万年来，人类和其脚下的土地建立了极其密切的联系。古往今来的文人骚客面对那高耸入云的山峰、广阔无垠的沙漠、赤壁陡立的悬崖、神幻莫测的溶洞纷纷留下对天书的无限感叹："大漠孤烟直，长河落日圆""蜀道之难，难于上青天""巴路绿云出，蛮乡入洞深"……那么，如此壮观的"天书"到底是如何铸就而成的？又是谁铸就的呢？随着科学技术的高速发展以及人类认知水平的提升，这些奇特地貌景观的神秘面纱被逐渐揭开。

在地质历史的长河中，第四纪虽然短暂，但却拥有着非凡的地壳运动，新构造运动有条不紊地带来巨大的变化。例如，在意大利的那波里附近波索奥里城塞拉比斯古庙里，有三根12米的大理石柱子，其表面有曾被海水淹没过的海生生物蛀蚀的痕迹，这就可以了解近2000年以来该地域地壳升降的变化。本节概要介绍若干第四纪的地貌名称和景观。

一、断层崖与断块山

在地质历史的长河中，第四纪在新的构造运动过程中呈现出了新的特点，造就了第四纪地貌的繁盛景观，比如节奏型的震荡运动形成多级溶洞景观和多级河流阶地，断裂构造显著，但形成的褶皱构造规模小并罕见。

断层崖、断块山是第四纪新构造运动直接作用的结果，当断层沿着东北—西南方向断裂时，泰山山体上升，两侧下降，而形成了现如今雄伟的地垒——

东岳泰山（图3.1）。这里的花岗岩岩体节理少，能成大石材，据说北京天安门前"人民英雄纪念碑"的碑石，便取于此地。小兴安岭是年轻的台地式断块山，地块均匀抬升但抬升不高，使小兴安岭像小台地一样，这就是台地式断块山的由来。在上新世末到更新世初，地壳运动才把这块地方断裂抬升起来，使松嫩平原和结雅河断开，其本身则形成一座低山，并伴有第四纪火山喷发。

当地壳受挤压或张力达到一定强度而发生断裂时，就产生了断层，形成断层崖。东非大裂谷就形成了特大断层，其中断层如果上升则可产生断块山或方山，如庐山断层崖地貌景观在山体上随处可见，尤其山体的东、西两侧，是断层的有力表现，断块山的山顶表现平缓，这是保留的古夷平面；另外岩浆的活动可以产生火山，如日本休眠火山——富士山，它是约1万年前由于地壳运动，板块间相互碰撞挤压而隆起形成的。

图3.1 泰山的断裂地貌

二、河谷与河曲

第四纪地壳的水平挤压运动可以产生褶皱山，板块边界是板块与板块之间的结合部位，是全球地质活动尤其是水平运动最活跃的地区。如喜马拉雅山是亚欧板块和印度洋板块挤压而成，科迪勒拉山系是太平洋板块和美洲板块相互作用而形成的。喜马拉雅山的崛起使得我国呈现西高东低的地势，因而大部分河流呈由西向东的流向，又经过长期的演变，在东部形成广大冲积平原，才出现当今主要河流的雏形。

完整的河流水系，从初生到趋向成熟，是在长久的地质历史中缓慢形成的。水流不断地作用于河谷，而河谷又约束水流，两者相互作用形成各种各样的河流地貌。河谷是指河水流经的谷地，通常由谷坡和谷底组成，谷坡位于谷底两侧像它的肩膀，其发育除了受河流流水作用外，还受到坡面岩性、风化作用、重力作用、气候条件以及沟谷流水作用的深刻影响。

河谷跟第四纪构造运动有什么关系呢？河谷又是如何发育而来的呢？总结起来就是，由沟谷发育而来，因沟谷流水的下蚀和侧蚀作用形成。当构造运动上升，河流下切侵蚀；构造运动下降，河流的侧蚀加剧。随着河谷的发育，下蚀加深，侧蚀变宽。冰雪融化或降水的水流向下侵蚀，主要形成峡谷或沟谷，因流速很大，且携带的物质不明显，一般在山区发育。入海河流的下切受侵蚀基准面的影响，一般以海平面为基面，当构造运动或气候变化时下蚀速度随之变化。随着后期侧蚀作用进一步加强，河流弯曲程度会慢慢增强。最终由河漫滩型河谷变为成型河谷。成型河谷呈现出有规律的"S"形，在地貌学中称为河曲（图3.2）。

图3.2 河曲

【知识延伸】

构造运动使海平面下降，侵蚀基准面下降，河流的下蚀作用加强，气候变暖降雨增加植被繁茂，植被截留增强，流入河流的水流减少。而气候变暖使冰盖融化海平面上升，河流的下蚀作用减弱，在河流的发育中期侧蚀加强，原因其一是受到复杂的地形、岩性、气候、土壤等条件的影响，使得河流不可能沿着直线方向一直向前流动，弯曲河流主要发育在宽阔的平原地带；其二由于地球的自转方向是自西向东，所以在科里奥利力的作用下也会改变河流的直线方向。它会使北半球的河流冲洗右岸比左岸明显，南半球的河流则相反。

自然环境的差异塑造了不同地区不同特性的河流。同时，河流的活动也不断改变着与河流有关的自然环境。当外部的自然环境发生重大变化时（如剧烈的地质活动、气候突变等），河流本身的走向、形态或径流会出现较大的变化，导致新的河流发育形成，原有的河流衰退甚至消亡。可以说河流也有其生命过程，其过程是十分漫长的，而且和生物的生命过程有本质的区别。河流与阶地有密切关系，阶地是由第四纪奇妙的"双手"造就的。无论是上升、沉积还是下降、剥蚀，都是第四纪新构造运动和海洋河流侵蚀叠加的结果。比如，太行山被认为是中国第二级地形阶梯与第三级地形阶梯之间的一段台阶。这个台阶十分平缓，并且略微向西倾斜，太行山高峻的主脉恰沿着这个台阶分布。

河漫滩展现了河流流经之地的证据，它分布在河流两侧。当河流发育到一定阶段，侧蚀作用占主导地位，河谷不断展宽，这是河漫滩发育的基础。山区河流的河谷，一般是在漫长的历史过程中，由水流不断地纵向切割和横向拓宽而逐步发展形成的。在平原盆地的河谷，当河水涨高漫过河床时，流水携带细小的诸如沙类物质在进入平水期时，水流下降流速减慢，这些沙类物质在河流两侧沉积，形成河漫滩。河漫滩的表层往往为细粒的粉沙和黏土，下面是粗粒的河床沉积物，这就是典型的二元相沉积结构。

三、海未枯石已变

夏威夷拥有世界上最迷人的海滩之一，山海相连，海岸线弯曲多变，由于火山爆发形成了大大小小的群岛，著名的火奴鲁鲁岛，海岛的魅力展露无遗。在巴西里约热内卢的海滩上，花岗岩环绕着海滩通往海湾，还有形状美妙的沙嘴。有澳大利亚地标之称的著名的"十二使徒岩"（图3.3），是由海边十二块岩石构成，而这十二块岩石都是各自独立的。远看，它的形态酷似耶稣的十二使徒，所以，就用圣经故事里的"十二使徒"来命名。而这"十二使徒"实际是海蚀地形，是海浪长时间冲刷岩石形成的海蚀柱。海水不断侵蚀着基岩，经过海浪几百万年"雕刻"形成了千姿百态的海蚀地貌。

图3.3　十二使徒岩

【知识延伸】

　　海岸线附近会出现一些凹槽形海岸，即海蚀穴。它是由于海水拍打、化学物质的溶解，以及岩石的裂隙、节理等多种因素形成的，尤其在海水携带部分小岩石颗粒对岩石拍打，甚至进入海蚀穴进行掏蚀的情况下，海蚀穴迅速变大，成千上万个海蚀穴扩大连通，不断掏蚀崖壁底部，形成海蚀凹槽，导致岩石上部崩塌，海岸线向陆地方向节节败退。在海蚀崖可以看到形似桥状的地貌，我们称之为海蚀拱桥。若海蚀拱桥的上半部分发生崩塌，桥体下落，留下两旁的柱子，便成为海蚀柱。

四、大风当歌

　　风在前行过程中遇到障碍物，风力减小，风中所携带的沙粒就会堆积下来，从而形成各式各样的风力堆积地貌，像沙堆、新月形沙丘、抛物线沙丘等。在风力作用形成的地貌中，气候起着重要作用。因此，各种地貌类型是第四纪气候留下的印记，记录着第四纪古气候的特征。具体说来，黄土是风力搬运堆积的，当风力较强时，风携带较大的颗粒；风力减小时，携带较小的沙粒。通过激光粒度仪测量得到的黄土剖面堆积的粒度变化，能反映出当时风力的波动；剖面颜色的变化，则记录着第四纪气候的变化。黄土高原灰黄色的黄土层和褐红色的土壤层记录了黄土高原的寒冷干燥和温暖多雨的气候类型，是表征东亚季风的重要载体。

　　世界最大的沙漠撒哈拉沙漠，千沟万壑的黄土高原，这些大型地貌组合都是风力作用的产物，我们不禁感叹风之雄浑。"魔鬼城"默默伫立在漫漫流沙、寂寞戈壁之间。那么，它们伫立在这的原因是什么？它又是如何形成的？通过古地磁测定，黄土高原至少从更新世就已经开始堆积，距今已有240万年了，在整个第四纪期间，黄土沉积面积逐步扩大，形成了大面积的连续覆盖，将第四纪形成的基岩，除高耸的岩石山地外，大都掩埋于其下。

　　干旱区的荒漠之中，在地表强大的气压差形成的气流下形成风吹沙。在风力作用下，不断地将地表物质吹走，不断地将岩石雕刻成各种不同的姿态，它不仅会依靠自身的力量给岩石打洞，还会顺便将较小的沙粒填入凹坑或洞穴，经过不断旋转摩擦在岩石壁表面形成大量的风蚀穴、风蚀壁龛、风蚀蘑菇（图3.4）。

【知识延伸】

　　风蚀蘑菇的形成是因为接近地面的风中含有较多的沙粒，加大了风的力量，进而加强岩石底部的磨损，当底部岩石的岩性较上部软时，更加速了这种磨损，从而形成顶部大于下部的蘑菇外形的岩石。当风行走到谷地时，不断地施加压力

图3.4　风蚀蘑菇

改造其原来的形态，谷壁上有风蚀穴、风蚀壁龛，谷底散落大量的崩塌堆积物，在风的持续改造下，谷底不断变宽，垄地不断变窄，再经过风的吹蚀作用，变成一个个孤立的小山丘，这就是风蚀城，远看就像一个个在沙漠背景下的城堡，富有神秘感和梦幻色彩。最具特色的魔鬼城，风蚀谷沟壑纵横，断壁残垣毫无规则摆布，其深浅、宽窄各不相同，形成像迷宫一样的地貌形态。夜晚当风从表面上刮过时，会发出令人恐惧的声音，"魔鬼城"由此而来。

　　值得一提的还有波浪谷，悬崖上有着像波浪一样的砂岩纹路的峡谷，如美国亚利桑那州北部的羚羊谷（图3.5）。这个由五彩缤纷的奇石怪石构成的著名风景区，展示了百万年的风、沙石和时间完美结合相互作用下描绘出的一幅幅

图3.5　羚羊谷

景观壮丽的风景画，这种古老的、雕塑感极强的、令人目眩的三维立体效果的沙丘被地理学家称为"纳瓦霍砂岩"。这样的地层因沉积而形成，再经过长期风蚀作用，形成现在纹路独特的地貌形态。

五、地球的皱纹——褶皱

褶皱的形成就像用双手挤压一张平铺的报纸，报纸会隆起，顶部会弯曲塌陷。这就说明了两种力对褶皱形成的作用：一是水平的挤压力，二是其自身的重力。另外，褶皱也并不都是向上隆起，褶皱面向上弯曲的称为背斜，褶皱面向下弯曲的称为向斜。这些褶皱好像地球的皮肤起了皱纹。一般褶皱往往是多种力量造成的，有些褶皱并不明显，有些褶皱很显著。褶皱大小也相差悬殊，大的绵延几千米甚至数百千米，小的却只有几厘米甚至只有在显微镜下才能看到。很多大的褶皱顶部因为表面被风化侵蚀而露出岩石的剖面，可以清晰地看到褶皱的样子。由于褶皱是稳定岩层经过各种构造运动形成的再稳定岩体，其特殊性使得褶皱对现代人类生产生活产生很大影响，尤其是在地下工程建造、油气开发、地下水研究等方面意义深远，近年来，地质学界对于褶皱的研究也日益重视。

【知识延伸】

北京房山十渡景区内有一处名为"太阳升"的景点，"太阳升"是位于河边低矮的山丘，靠近河流的一侧如刀切般平整且岩石裸露，露出的平整面各个岩层厚度不一且颜色不同，最大的特点就是岩层并不是平整的而是在中间部位高高凸起并在两侧呈对称抛物线下降，远远站在河对岸望去，犹如半轮初生的太阳悬挂在清澈的河水上，故名曰"太阳升"（图3.6）。这种景观就是地质学上的"背斜"。

图3.6 十渡景点"太阳升"

六、地球的伤疤——断层

断层，顾名思义就是断裂的岩层，地质学上的定义是地壳岩层因受力达到一定强度而发生破裂，并沿破裂面有明显相对移动的构造地貌。断层是构造运动中广泛发育的构造形态，它大小不一、规模不等，小的不足1米，大的到数百、上千千米，但都破坏了岩层的连续性和完整性。在断层带上往往岩石破碎，易被风化侵蚀。沿断层线常常发育为沟谷，有时出现泉或湖泊。

是什么力量导致岩层断裂错位呢？一种是地壳运动，地壳运动会产生强大的压力和张力，当压力和张力超过岩层承受的强度时，就会对岩石产生破坏作用而形成断裂。两条断层中间的岩块相对上升、两边岩块相对下降时，相对上升的岩块叫作地垒，常常形成块状山地，如我国的庐山、泰山等。两条断层中间的岩块相对下降、两侧岩块相对上升时，形成地堑，即狭长的凹陷地带，我国的汾河平原和渭河谷地都是地堑。断层是一种不稳定地貌，尤其地壳断块沿断层的突然运动是地震发生的主要原因，例如2008年的汶川特大地震就可能与当地的龙门山断裂带活动有关。因此，断层是现代地震研究的重点。

七、河流雕刻的流水地貌

水是生命之源，作为水的承载体的河流无疑与自然界生物尤其是人类的关系最为紧密。人类社会的发展与河流息息相关，河流为人类社会提供充足的水源和便利的水运条件。中国的黄河流域、印度的恒河及印度河流域、古巴比伦的两河流域（幼发拉底河与底格里斯河）、埃及的尼罗河流域是四大文明古国的发祥之地，甚至在科技发达的今天，许多国际化大都市的繁荣发展均与流经的河流关系紧密，比如法国巴黎与塞纳河、中国上海与长江等。

地理学上河流是指具有固定水道的常年性线状流水，水沿着一定的路径流动，最终流入海洋或封闭性湖泊。河床、河谷谷底及谷坡、河漫滩、河流阶地等是河流的基本要素，不同河流的基本要素形态不尽相同。另外，不同地区和不同河段的河流形态差别也很大，以中国长江为例，长江干流在宜昌以上为上游，上游地区河谷多窄而深，尤其长江三峡河段，峡谷遍布，河水湍急；宜昌至湖口为中游，中游地区河谷变宽，河道弯曲，流速减缓；湖口以下为下游，下游地区河谷非常宽，谷底发育大面积的河漫滩。

如果把大自然比喻成大师级的雕刻师，那么流水就是这位雕刻师手中最锋利的刻刀。"水往低处流"，在流动过程中，水的势能不断转变为动能，对地表产生作用，流水对地表不仅具有侵蚀作用，还包括搬运和沉积作用，由这种流水作用形成的各种地貌就是流水地貌。

流水的侵蚀作用：它对地表形态的改变表现最为直观，流水侵蚀作用分为垂直侵蚀、侧向侵蚀和溯源侵蚀三种类型，顾名思义就是流水向下侵蚀、向两侧侵蚀和向源头侵蚀。下蚀和侧蚀作用一般是同时进行的，但不同地区条件下，两种侵蚀的力度是不同的。在河流上游，高度差变化和河流流速较大，河水向下侵蚀的能力自然比向两侧侵蚀的要强，这就使得河谷深度大宽度小，进而形成"V形谷"，如著名的虎跳峡，江面最窄处仅40余米，而水深达3000多米；在河流中下游，流速减缓，或由于地形起伏等原因使得河流发生弯曲，弯曲处流水由于地转偏向力而对河岸侵蚀加重，即侧蚀作用明显。

溯源侵蚀是指流水对沟谷、河谷的源头产生侵蚀作用，不断地使河流源头向上移动，使河谷延长的过程，世界上许多的大型瀑布就是流水溯源侵蚀的产物，例如著名的黄果树瀑布（图3.7）。

图3.7　黄果树瀑布

流水的搬运作用：是指运动中的水携带物质的能力，地表物质（包括泥沙等物理物质以及可以溶于水的化学物质）被流水侵蚀作用剥蚀掉后由流水日夜不息地输送到洼地、湖泊和海洋中。河流的搬运作用是地球上各种物质空间移动及元素转移的主要方式之一，通过河流的搬运作用，地区与地区之间相互影响。流水搬运作用最直观的就是河流携带泥沙，快速流动的流水具有很强的携带沙石能力。成语"泾渭分明"中的"泾"与"渭"是两条相交汇的河流，泾河是渭河的最大支流，泾河和渭河在交汇时，由于含沙量不同，呈现出一清一浊、清水浊水同流一河互不相融的奇特景观，形成了一道非常明显的界限，成为"关中八景"之一而闻名天下。

河流的沉积作用：即指河流流速降低导致搬运能力下降使其中搬运的物质堆积下来的过程。河流的搬运能力与河流的流速呈正相关，一般情况下，上游地形起伏大，河流流速快搬运能力强，到了地形相对平缓的中下游地区，河流流速减慢导致流水失去了本身的搬运能力，泥沙之类的物质开始沉积，河流机械沉积形成了很多冲积扇、冲击平原、三角洲等壮观的地貌景观，长江三角洲就是长江下游流速减缓使泥沙堆积的结果。另外，一些含沙量较大的河流，中下游地区的沉积现象更为明显，世界上含沙量最大的黄河，其下游游荡在华北平原上，河床宽坦，水流缓慢，流水中携带的大量泥沙开始沉降淤积，使河床平均高出两岸地面4~5米以上，成为举世闻名的"地上悬河"。

八、至柔至刚的花岗岩地貌

花岗岩地貌是由炽热的岩浆在上升过程中冷凝而成的特殊地貌形态。我国的花岗岩地貌分布广泛，特别是云贵高原和燕山山脉以东的第二、三级地形阶梯上。花岗岩地貌（图3.8）是对花岗岩体所构成的峰林状高丘与球状石蛋或馒头状岩丘的通称，由于有强烈的风化剥蚀及流水切割，多形成奇峰深壑。

图3.8　太姥山花岗岩地貌

九、捉摸不定的风成地貌

风即流动的空气，它是具有能量的，因而风会对阻碍的一切事物做功，在这一过程中就产生风力作用。风如同地球的理发师一般，削高填低，努力将地球塑造得匀称一点，在风力作用下形成了无数奇特的地貌，这些地貌统称为风成地貌。不同的风力作用会形成不同的风成地貌，而风力作用主要分为风的侵蚀、搬运和堆积等类型。

风的侵蚀作用：可分为两种，一种是风本身的力量对地表物质的吹蚀；另一种则是风中携带的沙一类的物质对阻碍物的磨蚀作用。风力对地面物质的吹蚀和风沙的磨蚀作用，统称风蚀，风蚀作用形成风蚀地貌。风的侵蚀作用完全是"以柔克刚"的典型案例，单次短暂的风可能对地表形成不了太大影响，但长期的风蚀却能够对地貌形态产生大刀阔斧般的改造。中国沙漠地区的风蚀地貌，在大风区域还有广泛的出露，特别是正对风口的迎风地段，发育更为典型，主要分布在柴达木盆地的西北部、塔里木盆地东端的罗布泊洼地、新疆维吾尔自治区东部以及准噶尔盆地的西北部等地。

风的搬运作用：就是指风携带尘埃、沙、水汽等物质的过程，风的搬运能力一般相对较弱，但其对自然地貌的改变是不容小觑的。风的搬运作用不仅使物质来源区地貌形态发生变化，同时也大大改变了物质累积区的地貌形态。

风的堆积作用：风所携带的物质会因为风速的降低而沉降至地表，单次的沉降或许无法改变地表形态，但数以万年计的物质积累终究会覆盖原有地貌形成新的地貌形态，而这些由风的堆积作用形成的地貌称为风积地貌。

风积地貌是植被稀疏、降雨极少的干旱区发育的各种风成地貌及其干涸河床、湖盆等的统称。风积地貌中最基本的就是有风沙堆积而成的形态各异、大小不同的沙丘（图3.9）。黄土地貌是典型的风积地貌，黄土地貌原始积累的主要动力就是风，而后期的侵蚀则以流水侵蚀为主，最终形成千沟万壑的黄土地貌。中国黄土以其分布范围广泛、连续、地层发育完整、厚度大而著称，这其中以黄土高原最甚。

图3.9 敦煌的沙丘

十、仙魔之境的火山地貌

由地壳内部岩浆喷出并且堆积形成的山体形态的地貌称为火山（图3.10）。我国火山活动可分为两个带：东部火山活动带，有五大连池火山群、长白山火山、大同火山群、大屯火山群、雷琼地区及安徽、江苏等地区的火山；西部火山活动带，有腾冲火山群、新疆等地区的火山。

在地表以下，越往深处，温度越高，压力越大，岩浆如烧融化的玻璃般。高温岩浆携带大量的气体如水蒸气、二氧化碳、硫化氢以及液体熔浆和固体火山灰等，沿着岩石或土层的裂隙喷出地表，形成火山。

图3.10　火山地貌

　　著名景点"巨人堤"也是因火山活动而形成，它位于北爱尔兰的东北海岸，石柱连绵有序，呈现为阶梯状向海延伸。成千上万个石柱组成的巨人堤，大多为六角柱，也有四角、五角、八角等。其中，最高的石柱高达12米。1986年，它被列入世界文化遗产之中，被英国第四大自然奇迹提名。

十一、俊朗秀美的砂岩地貌

　　碎屑粒度在0.06～2毫米，含量大于50%的碎屑经沉淀、胶结而成的岩石称砂岩。碎屑粒度大于2毫米，含量在25%～50%的碎屑岩称为砂砾岩。砂岩的矿物成分主要是石英、长石、云母等，其胶结物为硅、铁、钙、黏土等。颜色为淡灰、橙红、紫红、黑灰、淡绿、黄褐等色。因砂岩发育形成的地貌统称砂岩地貌。由于砂岩的矿物成分、硬度和胶结程度不同，地貌发育的程度也不相同。如石英砂岩或由硅质胶结的砂岩，其抗风化和抗侵蚀作用强，常形成相对高起的山岭；胶结不坚实的粗砂岩、长石砂岩则常成丘陵或盆地。如湖南和江西中部的红砂岩丘陵，安徽南部、浙江西部的红砂岩盆地，彼此串通相联，内部广泛分布砂岩缓丘。

中国主要有三大砂岩地貌，即张家界地貌、丹霞山地貌和嶂石岩地貌。

1. 柱林耸立的张家界砂岩峰林

张家界坐落在湖南省武陵源中段。40亿年前，这里是一望无际的海洋，地层的地质年代属古生代泥盆纪中世云台观期，在滨海沙滩环境沉积而成，经大自然的作用，地壳上升，流水沿垂直节理侵蚀，在大约7千万年前形成了砂岩峰林，造就了世界罕见的张家界地貌景观（图3.11）。

张家界的岩石表面为紫色、灰色、黄色等，不同颜色相互交织在一起，光彩绚丽。其岩石以石英砂岩为主，岩层的厚度达500米，质地坚硬，结构致密，

图3.11 张家界砂岩地貌

化学稳定性好，抗风化能力强，因而常形成挺拔尖锐的岩峰石柱，如"金鞭岩"和"定海神针"等，形象逼真，栩栩如生。张家界砂岩峰林地貌在地壳运动和发展过程中巨大的能量作用下，岩层受雨水和冰雪的侵蚀，主要沿着岩层的裂隙面发育，裂隙面两侧的岩石不断发生重力崩塌，岩壁很陡，平直整齐如刀切割，而成菱形或方形柱状体。每当滔滔洪水咆哮而下，荡涤一切，落差大的地方，形成瀑布。在这里重力崩塌明显，速度惊人，有时在一瞬间巨大的石块从峰顶岗岭滚落于河谷，形成如"醉罗汉"等景观。

张家界在第四纪时期属亚热带北部温湿的气候，没有遭受古冰川的浩劫，从而保存了原始森林的面貌。它集中了原始、奇特、清、齐、全的特点，被称五绝。景区内石峰数以万计，仅相对高度在200～300米的就有300余处。清代吴肇端的《游青岩山》曾这样赞美它："人游山峡里，宛在画图中，天看一线通，啼猿声处处，古木叶丛丛，日夕归来晚，泉声两岸风。"

2. 色如渥丹，灿若明霞的丹霞地貌

丹崖的红色陆相碎屑岩地貌称为丹霞地貌。它发育于中生代至新近纪，具有砂岩、砾岩、页岩交互成层的结构特点，岩层多呈水平状。20世纪初丹霞地貌最早发现于粤北仁化县，属于中生代陆相红色碎屑岩，不仅有明显的层理，并富有垂直节理和球状风化的特点，在差异风化、重力崩塌、流水溶蚀、风力侵蚀等综合作用下形成有平顶、陡崖、孤立突出的城堡状、宝塔状、针状、柱状、棒状、方山状或峰林状的地形，山体呈圆润、秀美、深邃、清幽之感。

丹霞地貌发育于喜马拉雅造山运动，红色地层造成的倾斜和褶皱，交错层理形成锦绣一般的地形，像风景画一般。几百万年来不同颜色的砂岩和矿物质挤压在一起，再加上板块运动、气候变化及影响最大的风力吹蚀等自然环境的作用，形成了多彩的自然奇特景观。

丹霞地貌（图3.12）以块状构造为主，边缘圆滑，因此很难形成绵延几十公里的景观。丹霞地貌主要分布在中国、美国西部、中欧和澳大利亚等地，以

图3.12 丹霞地貌

中国分布最广。彩色丹霞地貌与其他地貌景观相映成趣，成为我国一种得天独厚的自然景观，既具有南国风韵，又具有塞上风情。

丹霞地貌最具特色的景观分述如下：

（1）方山——山体四壁均由赤壁丹崖构成。顶部岩层坚硬，抗蚀力强，近于水平状态，就像是桌子，因此又叫"桌状山"，岩壁上不断发生沿岩层的凹片状风化剥落，使岩壁凹进，上部悬空，进而发生崩塌，形成上方突出、下部凹进的额状崖（图3.13）。

（2）圆形石柱——砂岩风化剥蚀而形成浑圆形石柱的孤立残丘。丹霞山的阳元石（图3.14）、承德磐锤峰等都是这类景观。

（3）扁平洞穴——在悬崖峭壁上，由于岩层坚硬程度不同，风化有差别，再经侵蚀和崩塌作用，扁平洞的横断面底部坍塌而形成。扁平洞的横断面底部较平坦，顶部平缓拱状，越向内越低，越向内越窄，直至消失，一般没有支洞（图3.15）。

（4）天生桥——主要是流水侵蚀而成。在石墙某软弱层或断裂交叉部位，当流水沿节理渗入侵蚀，经崩塌和风化，形成穿洞（窗）并不断扩大，上部崖块悬空形成天生桥。

（5）一线天——水流长期沿节理裂隙向下侵蚀，逐渐形成陡峭狭窄的深沟，有的弯弯曲曲，两崖夹峙，壁立参天，形成"一线天"或"月牙天"。

图3.13　方山

图3.14　阳元石

图3.15　扁平洞穴

3. 嶂石岩地貌

悬崖陡壁是河北省石家庄市赞皇县嶂石岩景区（图3.16）最突出的地貌构景要素，崖面色彩鲜艳、丰富，陡峻的山体就像一条红色长城，陡直又绵长。山脉主脊呈线状南北向延伸，致使山顶轮廓线从南到北呈现一条极和缓的波状线。山体的标准发育坡面一般呈垂直的阶梯状大陡崖，每层剥蚀平台时窄时宽，顺红色大墙远远延伸。在这些平台上发育着嶂谷、塔柱、排峰、崖廊、洞穴等叶，小型地貌丰富着巨大的崖面景观。由于嶂石岩砂岩层的上部都有一层较厚的石灰岩层，石灰岩在有水的条件下易受侵蚀，在北方干旱少雨的情况下，却很坚硬，成为下部岩层的保护层，使风化侵蚀从岩体的边沿开始，逐渐后退，这样就发育了一套由山前冲积扇、侵蚀丘陵、构造侵蚀低山构成的地貌形态，加上其层层后退升高的阶梯状陡崖和水平方向的线状延伸，更突出了它壮阔的气势。

图3.16 嶂石岩景区

　　嶂石岩处于干旱少雨地区，岩面多保持了岩石原有的色彩（图3.17）。层层叠叠的悬崖峭壁呈现紫红、暗红、灰白等色。由于岩石颗粒细、结构紧密，因此岩面光泽度好，在北方骄阳的照射下，有明净的蓝天白云绿树的衬托，结合壮阔的地貌造型更加衬托出嶂石岩热烈奔放的美感。嶂石岩地貌主要地貌形态有：

　　（1）悬崖——最常见的是光滑齐削、上下陡直的崖壁，危岩耸立，雄浑而富有力度。另外还有多种多样的垂直剖面形态，有的呈阶梯状，包括正阶、反阶；有的发育成各种天然栈道；有的崖壁纵断面上方突出，下部凹进。

　　（2）"O型"谷——是一个水平方向、规则弧形的崖壁。三面甚至四面围合，呈半圆形剧场状的嶂石岩地貌景区，"O型"嶂谷最为突出，使得整个嶂石岩景区以弧形半围合空间为特色，几乎每个单元景区都能感觉到十分强烈的围合感和整体感。

图3.17　彩色嶂石岩崖壁

（3）石墙——"墙状"地貌山体长度远大于高度，酷似突于地表的长条状城墙。"墙状"地貌往往因观赏距离多近于垂直仰视或俯视，使景观呈现上举、伸张、延展之势，或危崖临空，展现了各种不同的强劲动势。正如《孙子兵法》中所说："木石之性，安则静、危则动。"

（4）大裂隙——由垂直节理从上向下或由外向里扩大形成的裂隙，是与节理走向一致陡峭平直狭窄的深沟。它并不是切穿山体的一道裂隙，而是发育在山体边缘的楔形狭谷，这种外宽内窄的楔形沟缝，在嶂石岩地貌中非常普遍。

（5）垂直洞——垂直洞是沿垂直节理裂隙发生风化作用而形成的洞穴，岩层垂直节理发育，垂直破碎带的下部岩石塌落形成垂直洞。如嶂石岩的子母洞，大洞高7米有余，宽约8米，纵深12米。嶂石岩地貌中洞穴景观并不常见。

其他嶂石岩地貌还有一些石柱、落石、残石等景观，形象生动。这些形状各异的地貌形态随机组合分布，对丰富景观空间起到了重要的作用。

十二、妙笔生花的喀斯特地貌

"喀斯特"一词源于前南斯拉夫一个地名，是其西北部的喀斯特高原的名称。那里的石灰岩分布广泛，发育了大量的岩溶地貌，景色甚为壮观。19世纪末，前南斯拉夫学者塞尔维亚人威治研究了喀斯特高原的石灰岩地貌，把这种地貌称为"喀斯特"，后来世界各地学者广泛引用这一名词，遂成为地貌学的一个专门术语。1966年，我国第二次喀斯特学术会议上决定使用"岩溶"一词代替"喀斯特"，但在1981年的北方岩溶学术讨论会上议定"岩溶"与"喀斯特"二者可通用。

中国是世界上对喀斯特地貌现象记述和研究最早的国家之一，早在晋代就有记载，到了明代，著名的地理学家徐霞客在畅游南北名山以后，对中国西南石灰岩分布地区进行了详细的调查和考察。《徐霞客游记》可能是世界上研究喀斯特地貌最早的文献，徐霞客实地探索了100多个地下岩洞，并对石灰岩地区的地貌形态作了详尽而又朴实生动的描述，对部分岩洞成因作了正确的科学解释。近现代以来，随着自然科学的发展进步以及各类先进探究技术和仪器的出现，科学家们已然对喀斯特地貌作了全方面的研究分析，因而喀斯特地貌的成因逐渐被研究出来。

喀斯特地貌是怎样形成的呢？

"滴水穿石"的过程其实分为两个部分：一部分是"滴水"的机械冲蚀使石头被磨蚀；另一部分则是"滴水"的溶蚀，溶蚀的原因是"滴水"属酸性，进而对石头产生了腐蚀的作用，促进了石头被穿孔的过程。

喀斯特地貌形成的基本原理与"滴水穿石"原理相同，是指地下水和地表水对可溶性岩石进行以化学溶蚀为主、机械侵蚀和重力崩塌作用为辅的作用过程，引起岩石的破坏、物质堆积，从而形成的地貌形态。这种过程主要表现为化学作用，即大气中的二氧化碳与水接触形成碳酸，使得地下水和部分地表水呈偏酸性，从而对石灰岩、白云岩等可溶性岩石进行腐蚀，这其中化学反应形成的液体由于压力、温度等原因发生沉淀并逐渐堆积形成各种奇特地貌形态。

虽然石灰岩分布较为普遍，但只有在潮湿的热带环境下，水的流动才足以产生这种富有戏剧性的变化而形成喀斯特地貌。因此喀斯特地貌的大规模发育十分罕见，使得中国南方的喀斯特地貌显得弥足珍贵，被联合国教科文组织列为世界遗产。几千年来，喀斯特地貌一直吸引着世界各地游客的目光。中国喀斯特地貌分布广泛，以广西、贵州和云南东部所占的面积最大，是世界上最大的喀斯特区之一。此外，西藏和北方一些地区也有分布。

"桂林山水甲天下，阳朔山水甲桂林"（图3.18），也正是因为岩溶作用。喀斯特地貌有地上喀斯特地貌和地下喀斯特地貌之分。地上的典型地貌如峰林、峰丛、石林、石芽溶沟、坡立谷等；地下则有溶洞、岩溶漏斗、地下河、竖井、石钟乳、天坑等。

峰丛是可溶性岩石受到强烈溶蚀而形成的山峰集合体。峰丛进一步演化即

图3.18 桂林喀斯特地貌

可形成基座分离的峰林。当然，在新构造作用下，峰林会随着地壳的上升转化为峰丛。山峰呈锥状、塔状、圆柱状等尖锐峰体，表面发育石芽、溶沟，山峰之间又常常有溶洞、竖井。因此，峰丛地貌可以说是喀斯特地貌的博物馆。

岩溶洞穴的形成与发展实际上是一种极其复杂的化学溶蚀、机械侵蚀和崩塌过程。洞穴学认为，一个岩溶洞穴的形成必须要满足以下四个基本条件：可溶性岩石；可溶岩能提供水渗透和运移空间；具有溶蚀能力的水流；水流具有流动性。

中国南方拥有世界最大规模的岩溶洞穴群。6亿多年以来，这个地区历经沧海桑田的变化，并堆积了数千米厚包含石灰岩的沉积层。地壳抬升和侵蚀作用形成了今天雄伟的溶洞群。

地下溶岩是溶洞景观中的精彩篇章，重力水的堆积是溶洞堆积地貌的主要形成方式，溶解了大量可溶性岩的水滴断续地从溶洞顶部落下并不断积累，从而形成绚丽多彩的石钟乳、石笋、石柱、石幔、边石堤等，美不胜收。另外，在溶洞中还有许多奇特的景观，有的似莲花开放，有的如树枝伸展，还有一些石葡萄、石珊瑚等（图3.19）。

天坑是底部与地下河相连接的一种特大型喀斯特负地形，因其深陷于地表而被人形象地形容为"大地的眼睛"。"天坑"具有陡峭而圈闭的岩壁、深陷的井状轮廓等形态特质，底部河床隐现，烟雾缭绕，神秘莫测又令人不寒而栗。喀斯特天坑主要有塌陷型和冲蚀型。塌陷型天坑的形成，是由于地下河强烈的溶蚀作用，岩层不断崩塌，崩塌的破碎岩块又被地下河冲走，经年累月，洞内空间的体积越来越大，大厅顶部在地表水的溶蚀和重力作用下发生崩塌，天坑便形成了（图3.20）。

图3.19　江苏宜兴善卷洞　　　　　　　图3.20　重庆奉节小寨天坑

十三、坚韧不拔的冰川地貌

　　1912年4月10日中午，一艘巨大的豪华轮船缓缓驶离了英国的南安普敦港，目的地是大西洋对岸的纽约。这艘轮船是当时世界上最庞大、最豪华的高级客轮，总吨位43600吨，建有双层船底和16个密封舱室，被造船者和媒体誉为永不沉没的客轮，它的名字叫"泰坦尼克号"。参加泰坦尼克号处女航的乘客很多，一般只有名门望族及其家属才能得到这种荣誉。然而天有不测风云，5天后的凌晨，当泰坦尼克号航行到大西洋的纽芬兰岛附近海面时，因大雾迷失了方向，最后一头撞在了冰山上。在自然的伟力面前，这艘被称为"永不沉没"的客轮不堪一击，被冰山的水下部分撞破船身而沉没，随轮船沉到海底的还有1513条生命，是迄今为止死亡人数最多的海难之一，被称为"泰坦尼克号"海难。1997年，加拿大导演詹姆斯·卡梅隆将这次著名的海难搬上大荧幕，并创造了逾18亿美元的票房神话。影片中，破坏力惊人的冰山将庞然大物"泰坦尼克号"轻易割裂的画面如梦魇一般，在观众脑海中挥之不去……

　　在历史上，冰川带给人类的当然不只是沉重的灾难，它也塑造了人类繁衍生息的家园。我们的母亲河长江和黄河就发源于冰川，著名的河西走廊的绿洲也是靠祁连山冰川融水哺育的。古人也早有记载，《唐书》中对冰川有过这样的描述："葱岭北原……坚冰结成，层峦累岳，高下光莹。冰三色，一浅绿，一白如水晶，一色如砖砾"。几十个字，便生动地描写了冰川的形象，这也是世界上最早的关于冰川结构的细致分类。由此可见，人类对于冰川早有认识。那么，冰川是怎样形成的呢？有哪些常见的冰川地貌呢？它们的分布又是怎样的呢？本文就将为你揭开冰川神秘的面纱，让你一睹它的庐山真面目。

　　气候波动事件一直贯穿于260万年来的第四纪，独特的地球造就了人类的生命之水，形成了令人迷恋的冰川和雪域风光。1931年，中国著名地质学家李四光在庐山进行地质调查时，发现庐山存在大量的冰川沉积物和冰川遗迹，这是地质学家首次在中国东部发现冰川遗迹。随后，研究冰川的学者、专家先后发表大量文章，完整地记录了冰川堆积、冰川运动和形成冰川地貌的全过程。位于俄罗斯堪察加半岛上的冰洞，当热泉水沿穆特罗夫斯基火山两侧的冰川流下时，形成了隧道，大约长1万米。近年来，由于堪察加半岛上火山冰川的融化，这个洞穴的上部变得愈来愈薄，阳光可以穿过顶部投射进来，使洞内五光十色，梦幻十足。

全球约有3/4的面积覆盖着水，地球上的水总体积约有1.4×10^9立方千米，其中约96.5%分布在海洋，而真正的淡水资源总量仅仅占总体的3%左右。这3%的淡水资源中却有3/4是以一种无法被人类直接利用的形态存在——冰川。冰川是水的固态存在形式，是雪经过一系列转变而形成的。在海拔较高并且坡度比较缓的高山，容易形成积雪，积雪在地表由于温度和压力的变化逐渐由晶体状变为圆球状，称之为粒雪，这就是形成冰川的"原料"。由于上层积雪的挤压以及温度压力的变化，使得粒雪的硬度和它们之间的紧密度不断增加，积雪的空隙逐渐消失，雪层的亮度和透明度逐渐减弱，一些空气也被封闭在里面，这样就形成了冰川冰[1]。随着时间的推移，冰川冰逐渐积累，并沿着山地的下坡向发生移动，以此形成冰川。冰川整体运动速度是比较慢的。中国冰川科学考察队在1959年至1960年期间对珠峰北坡冰川运动的速度进行了测定，结果显示，多数观测点的年流速只有几米到几十米，例如，绒布冰川最大年流速为64米。由于重力作用，冰川具有移动能力，尽管冰川的移动速度很慢，但由于冰川的巨大体积以及其为固态形式的特点使得冰川如流水一样具有侵蚀、搬运和堆积的能力，并且冰川作用的力度要远远大于流水作用。

---

① 冰川冰：一种具有塑性的、透明的浅蓝色多晶冰体，由粒雪结成冰作用形成。

在现今的一些高山或高纬度的大陆区发育有冰川，尤其是南极或北极地区，冰川的厚度可达数千米，面积达上千万平方千米，目前大陆上的冰川分布面积占陆地面积的10%左右。冰川虽然是固态的，但却能运动，在其运动过程中对陆地表面具有强烈的剥蚀作用，形成各种形态的剥蚀地貌。

冰川的侵蚀作用，是指冰川以自身的动力和冻结在其中的砾石对地表所产生的破坏，与大型挖掘机一层一层将地表刮下一样，经过长期的剥蚀，再坚硬的岩石也会"服软"。由冰川的侵蚀作用形成的地貌称为冰蚀地貌。在山地区域，冰川沿着原有的河谷或山谷运动时，冰川及冰川内部夹杂的砾石对河床或谷壁不断进行磨蚀，同时两岸的岩石由于低温等因素不断破碎崩落，这使得坡岸不断向两侧后退，逐渐使得原先的谷地被改造成横剖面呈U形的谷地，即所谓的U形谷。冰川的侵蚀和搬运作用会留下众多冰川遗迹，造就了冰斗、角峰、刃脊、冰溜面、羊背石、悬谷等多种冰蚀地貌和冰积地貌。它们不仅具有重要的科考价值，同时也是天然的教育、科普园地以及研究现代冰川地质、地貌和第四纪古气候的最理想场所。冰川内部的运动和底部的滑动是进行侵蚀、搬运、堆积并塑造各种冰川地貌的动力，与寒冻、雪蚀、雪崩、流水等各种应力共同作用，塑造了冰川地区的地貌景观。冰川地貌分现代冰川地貌和古代冰川地貌两种，广泛分布于欧洲、北美洲和中国西部高原山地。

冰川的流动性使其具有搬运能力，而且由于固态冰的特殊作用使其搬运能力远远强于流水及风的搬运能力，冰川能够轻松地搬走粒径达几米甚至上百米的巨大砾石，如庐山世界地质公园中西谷的"飞来石"。同时，冰川还具有逆坡搬运的能力，把砾石从低处搬到高处。我国西藏东南部的一大型山谷冰川，曾把花岗岩漂砾抬升达200米高。而在适当的位置，冰川融化后会形成一些堆积物。由于气候存在冷与暖的剧烈波动，在寒冷时期，冰川大规模扩展，可覆盖大陆面积约1/3，在一些中纬度的低海拔山地都曾经发育有冰川，因此留下了各种各样的冰碛物。

冰川上的融水在流动过程中，往往形成树枝状的小河网，时而曲折流淌，时而潜入冰内。在一些融水多、面积大的冰川上，冰内河流特别发育，当冰内河流从冰舌末端流出时，往往冲蚀成幽深的冰洞。洞口好像一个或低或高的古城拱门，从冰洞里流出来的水，因为带有悬浮的泥沙，像乳汁一样油白，冰川学上叫冰川乳。当冰川断流时，走进冰洞，犹如进入一个水晶宫殿。有些冰川通过冰洞里的隧道，可以走到冰川底部去。冰洞有单式的，有树枝状的，洞内有洞。洞中冰柱林立，冰钟乳悬连，洞壁上的花纹十分美丽。有的冰洞出口高悬在冰崖上，形成十分壮观的冰水瀑布。

十四、千奇百怪的海岸地貌

中国台湾的台北市野柳地质公园内，有一处闻名于世界的奇特地貌景观——女王头像。女王头像本身是一个蕈状石，它的颈子修长、脸部线条优美，神态极像昂首静坐的尊贵女王。在野柳地质公园内，除了赫赫有名的"女王头像"，四周还分布着许多类似的景观，有的像巨型蘑菇，有的像宫殿石柱，这些奇特的景观都属于海岸地貌（图3.21）。

海岸地貌形成的主要原因就是海水。以海水的侵蚀作用为例，巨大的动能以及具有高盐度的特点使得海水对海岸基岩产生巨大的破坏。海蚀作用可分为三种类型：冲蚀、磨蚀和溶蚀。冲蚀作用是指海浪等对基岩的直接冲刷、撞击而产生的破坏，由于海浪具有十分巨大的动能，日夜不停地拍打海岸，因此冲蚀作用对海岸基岩的破坏十分强烈；磨蚀作用是指海浪中携带的沙砾等颗粒物质对基岩的凿蚀、研磨作用，这很大程度上加大了海蚀的速度；溶蚀作用是指海水对岩石的化学溶解作用，高盐度的海水加上海岸带潮湿的空气，使得如玄武岩、正长岩类基岩更容易被腐蚀溶解。通过海蚀作用形成的地貌就称为海蚀地貌，长期的海蚀还可以形成海蚀崖、海蚀台、海蚀拱桥等海蚀地貌。

图3.21 台湾野柳地质公园景观

十五、广泛多样的人工地貌

在一定自然条件下，人们根据自然规律和社会需要，有目的地长期劳动、改造自然，使某些区域或局部的地表形态展现出以人类力量为标志的地表特征。由人类的生产建设活动塑造而成的一系列特有地貌形态，被称为人工地貌。"愚公移山"的故事便是人类改造自然的鲜活例子。

随着人类活动的愈加频繁，所构建的人工地貌愈加分布广泛、规模巨大，实际上已成为区域地表构成和自然环境的一个重要组成部分，如建设性的填海（湖）造陆、挖渠引水、平坡修田、修筑水库大坝、建设人工沟渠等，城市的大规模建设更是几乎改变了自然地貌的原有形态，形成一种全新的地表形态。如梯田（图3.22）和桑基鱼塘。

上述十五种地貌景观仅仅是大自然千姿百态中的冰山一角，在大自然的鬼斧神工下，无数或令人心情愉悦或使人感慨万千的地质地貌景观，看似无序实则十分有规律地分布在地球的各个角落。人类对于知识以及美好事物的探索是永无止境的，相信在人类不懈努力的研究探索中，有如"天书"一般的地质地貌景观定会被一一解读。

图3.22　广西龙脊梯田

第二节 "鬼阵破敌"的历史故事

古人说"天时不如地利，地利不如人和"。这其中的"地利"就是指有利于军事行动的地形条件。可以说，地形条件在战争中起着至关重要的作用，部队的机动、进攻方向、驻守位置等要考虑地形条件，即战场的地貌特征和地物特点。所谓地貌，就是地面高低起伏的样子，如高山、丘陵、平原、谷地、冲沟等都是地貌。所谓地物，就是地面上的物体，如天然的江河、湖泊、森林，人工建造的道路、桥梁、房屋、水库等都是地物。这些不同地貌和地物的错综结合，就形成了不同的地形，如平原、山地（山林地）、丘陵地、沙漠、草原和水网稻田地等。由于地形对军队战斗行动有着直接的影响，所以，古今中外能征善战的军事家，都把地形看作军队战斗行动的一个重要因素。

中国古代著名的军事家孙武在其著作《孙子兵法》中就认为军队指挥官在分析战场形势、预测战争的走向以及进行战略决策时，必须要从五个方面着手，即：道、天、地、将、法，缺一不可。其中"天"与"地"指的是自然地理条件。"天"就是天候，通俗地讲就是天文和气候；"地"是地形，指各种地形条件，尤其是地貌特点，并强调指出"凡此五者，将莫不闻，知之者胜，不知者不胜"，他把地理条件作为战略决策的重要依据和取胜的重要保障。同时他还认为"夫地形者，兵之助也"，把地形作为指挥作战的辅助条件；"知天知地，胜乃无穷"，认为通晓天文地理，才能取得战争的胜利。西方近代军事理论的经典之作《战争论》，作者克劳塞维茨认为地理环境同军事行动非常密切，地形对战斗的准备和运用，都有决定性的影响。

从孙武与克劳塞维茨的话可以看出，地形条件不仅仅能够在很大程度上影响战斗规模小、技术手段低的古代冷兵器战争的结果，而且对规模巨大、科技手段运用成熟的现代战争的影响也是不容忽视的。地形是客观存在的，如果能充分利用它的有利因素，避免其不利因素，就能大大促进战争的胜利，如果不懂得利用地形，就会在战争中碰壁，甚至导致战争失利，历史上这种例子是很多的。

《三国演义》第八十四回描述道：陆逊火烧连营七百里后，引兵追击刘备到离夔关不远，看见前面一阵杀气，冲天而起，陆逊遣人前往探视，却报前面并无埋伏，江边有乱石八九十堆。陆逊大疑，随后探知诸葛亮入川前驱兵取石在沙滩之上排成阵势，之后常常有气如云，从内而起。陆逊引兵入内观看，出阵时，飞沙走石，遮天盖地，无路可出。此时诸葛亮的岳父黄承彦拄着拐杖对陆逊说："我见将军不识此阵，从死门而入必为所迷。我不忍将军陷入于地，故引自'生门'。"陆逊慌忙拜谢而回。

事实上，诸葛亮八阵制敌取胜是当时的地理环境决定的。首先入阵位置是在地形复杂的白帝城，长江边水汽重，诸葛亮把石头阵借助风向摆出来，阵中雾气重重，再加上诸葛亮的威名，人心惶惶，陆逊来不及采取有效措施参破阵法，只能匆匆逃跑。

在近代抗日战争中，也有不少利用优势地形以少胜多的例子，平型关大捷便是其中代表性的一役。平型关是内长城的一个关口，位于山西省大同市灵丘县白崖台乡。平型关地势险要，古称瓶形寨，其周围地形如同瓶形一般，在山西繁峙县东北与灵丘县相交界的平型岭下，雁门关之东，是明朝时内长城重要的关隘。平型关城楼据平型岭之入口，城周长1千米余。平型关北面的恒山高峙如屏，关南侧矗立着五台山，而恒山和五台山都是陡峻的断块山，海拔在1500米以上，是晋北的天然交通障碍。两山之间有一条不太宽的地堑式低地，是河北北部平原与山西之间的最便捷通道。平型岭位于这条带状低地中部隆起地带，形势险要，这条古道穿平型关城而过，东接北京西的紫荆关，西接著名的雁门关，构成一条坚固的防线，自古就是北京西的重要屏障。

平型关大捷是八路军出师华北抗日前线第一仗，也是全国抗战爆发以来中国军队的第一个大胜利。战斗中八路军115师共歼灭日军1300余人，缴获军资无数。八路军部队充分利用了平型关的"地利"，将瓶子形的平型关地形特点融入到阵地设防之中，使平型关如同"鬼阵"一般，牢牢套住了日军部队，使之成为瓮中之鳖。八路军的"山地游击战"打法很大程度上依靠的就是抗日根据地区复杂的地形条件。

地形对于一场战役的影响是显而易见的，它在一定程度上决定了战争的走向。近现代以来的现代武器应用设计无一不受到地区地形特点的影响。因此，对地理分析尤其是区域地形分析如有出入，就可能导致整个战略决策上的差错。在越南战争中，当时美军的主战坦克是M-60，这种坦克装甲防护性能佳但质量大，适用于坚硬的地面。越南大多数地形为土质疏松的丘陵地形，且河道纵横，这使得美军的坦克根本无法在越南的地形使用，美军在越南战争中的失利，就是由于战争前期对于战场地形分析的疏忽。

第三节 "天书"如何读

古代文人墨客，面对绚丽多彩的地质地貌景观，往往情不自禁写诗或是把诗词镌刻在岩石上。由于当时认知水平有限，地质地貌就如同天书一般让古人无法究其本质。随着科学发展，人类对于"天书"有了更深层次本质的了解。地球表面千姿百态，有海拔8848.86米高的珠穆朗玛峰，也有位于海平面以下11034米深的马里亚纳海沟；既有高低起伏的崇山峻岭，也有一望无际的大平原；既有绵延70000多千米的大洋中脊，也有广阔无垠的巨型海洋盆地。要想真正解读地质地貌天书，就必须了解地貌的形成原因、分布特点、演化过程等本质特征。

一、地貌的成因

地貌的形成原因是现代地貌研究的重点，也是研究地貌的关键。而地貌形成原因的研究一般从地貌的动力因素等方面入手。

地貌形成的动力因素主要包括两个方面，即内动力和外动力两部分。内力地质作用是地貌形成的主要动力和初始动力，造成了地表的起伏，控制了海陆分布的轮廓及山地、高原、盆地和平原的地域配置，决定了地貌的构造格架。而外动力作用比较复杂且种类较多，包括流水、风力、冰川、太阳辐射能、大气作用等。多种外动力对地壳表层物质不断进行风化、剥蚀、搬运和堆积，从而形成了现代地面的各种形态，即地表形态是内、外动力地质作用对地壳综合作用的结果。

值得注意的是，随着人类社会的快速发展，人类对于自然的改造能力逐渐加强，现代人类运用先进的机器可以对现有地貌进行大规模的改造，进而形成新的地貌景观，这种地貌可以称为人工地貌，如京杭大运河、三峡大坝等。

二、各种地貌的分布特征

区域的地壳稳定性、气候、海陆位置等因素的差别导致了地貌成因的区域差异，所以地貌的分布是具有区域差异特点的。中国幅员辽阔，地貌类型丰富，是名副其实的"地貌大国"。中国境内不仅有常见的构造地貌、河流地貌、海岸地貌，还有现代冰川和古代冰川作用遗迹、冻土和冰缘作用现象、沙漠和戈壁等，以及反映特殊岩性的石灰岩地貌和黄土地貌。中国地貌种类的多样性和典型性，是世界其他国家难以相比的，中国地貌的分布特征是有规律可循的。

中国地貌的分布特征可以从宏观分布和区域差异两种角度进行分析。宏观分布特征主要是在内营力[①]作用下地质构造控制的结果，具有三大特点。

首先，山地多平地少。山地、丘陵和高原的面积占全国土地总面积的69%，平原不足1/3。从中国地形图上可以看出，中国的中西部地区基本为山地高原地貌，平原以东部分布为主。

其次，西高东低，存在三大地形阶梯。中国地貌的最显著特征就是形成了三级阶梯地形。第一级阶梯为地处西南边陲的青藏高原，这一阶梯总体表面相对起伏较小，而周边强烈切割形成复杂的山地地貌；第二级阶梯介于青藏高原与大兴安岭—太行山—巫山—雪峰山一线之间，其中包括了内蒙古高原、黄土高原、云贵高原和塔里木盆地、准噶尔盆地、四川盆地等大的地貌单元；其余部分为第三级阶梯，绝大部分海拔都在1000米以下，中国的主要平原都位于此。三级阶梯构成了西高东低的大体地貌格局。

再次，山脉走向以东西向和南北向为主。中国主要山脉走向具体表现为：在贺兰山、六盘山、龙门山、哀牢山一线以西的中国西部地区，山脉走向大多

---

① 内营力：地球内部产生改变地表形态、岩石特征的力量。

为东西向，中国东部山脉走向大多为南北向；另外还有如喜马拉雅山脉一类的弧形山脉。这些山脉是中国地貌的主体骨架。

外力作用下中国各种典型地貌与中国气候区有密切关系。中国的气候类型分布具有纬向、经向和高度分带的特点，我国地貌发育的区域性特征同样具有这一特点。在纬向上，从南至北依次发育的地貌是红壤型风化壳—岩溶地貌—河湖地貌—风成地貌—冻土地貌；在经向上，从东至西是海岸地貌—河湖地貌—黄土地貌—荒漠（沙漠、砾漠）—冰川地貌。在高度的分布来看，从低海拔至高海拔依次是海岸地貌—河湖地貌—风成地貌—冻土地貌—冰川地貌。

东部季风区海拔较低，季风气候导致河流湖泊众多。所以区域流水、生物等外力作用比较强。可将这一区分为四个二级地貌小区：东北北部多年冻土地貌地区，冻土地貌较为发育，包括石环、石圈和石带等；东北、华北温带冬寒地貌地区，包括冰冻风化、风力作用等；华中亚热带夏热冬凉地貌地区，地貌上有许多过渡性的特点；华南潮湿热带亚热带地貌地区，包括山地丘陵地貌、河流地貌、喀斯特地貌、丹霞地貌等。

西北干旱半干旱区由于降水较少，导致这一区域风力等外力作用较强，风成地貌较为发育，如有"魔鬼城"之称的风成雅丹地貌。西北干旱半干旱区地形可以分为三个二级地貌小区：东部的温带草原地貌区、新疆北部半固定荒漠区、新疆南部流动型沙漠区。

青藏高寒区的地貌受到冰川作用影响强烈，所以冰川地貌较为发育，包括藏北高寒区、藏南偏湿区等。由于冰川具有强大的侵蚀与搬运能力，冰川地区下切强烈，岩崩经常发生，往往形成明显的刃脊和角峰。

三、地貌的演化规律

"冰冻三尺，非一日之寒；为山九仞，岂一日之功"。地球上的地貌从最初的成型并经过后期的外力作用，经历了无数的岁月。漫长岁月中地貌的形态遵循着某种规律在演化。地貌的演化规律，不同学派研究者有不同的理论。其中，影响最深远的是美国地理学家戴维斯于1899年提出的"侵蚀循环学说"。

戴维斯对北美的河流地貌进行了详细观察，通过简化假设，建立起第一个系统性地貌随时间而演化的模式。设立假定前提：第一位于潮湿温带地区；第二岩石性质均一；第三起始地形是平原；第四地壳是在开始时急速上升，其后进入长期的稳定。

戴维斯把地貌演化的整个过程分为幼年、壮年、老年三个时期，各个时期地貌有明显的差异。幼年期形成峡谷、山顶和缓地面并存的地貌结构形态。壮年期是原始上升的高地面被全部侵蚀，地貌上表现为丘陵宽谷形态。老年期丘陵进一步被削低，成为低矮孤立的残丘。最终地貌是高差小、坡度缓、高程接近海平面的呈波状起伏的地面，成为"准平面"，这标志着一次有顺序的演变结束。随后，若有另一次地壳急速上升发生，则地貌将按上述顺序进行再一次的演化，故称为循环理论。戴维斯的侵蚀循环理论是地貌学中第一个比较系统阐述地貌演化的古典理论，对于近代以来的地貌学发展起到了深刻影响。此后一批新的地貌演化理论不断问世，各种不同的理论合理地解释了不同地貌演变规律，为后人深入研究地貌演化提供了扎实的理论基础。

关于地貌演化，中国学者也提出了自己的解释。中国地质学家崔之久将砂岩地貌按区域类型和发育阶段划分为四种类型：鄂尔多斯型，属于地貌演化过程中的雏形；嶂石岩型，属于地貌演化过程中的青年期；张家界型，属于地貌演化过程中的壮年期；丹霞山型，属于地貌演化过程中的壮年—老年期。

理论联系实际是解读地质地貌这本"天书"最好的阅读方法！认识学习一些基础的地质地貌知识，在欣赏浏览各种地貌的景观美时能将科学的解释与其对号入座，对于地貌才算是真正的欣赏。

第四章　地质公园——人类精神的家园

第一节　记录人类的起源

一、人类的起源之谜

1859年，英国著名生物学家达尔文的著作《物种起源》出版，首次提出进化论的观点，震惊了当时学术界。所有人类共同的祖先是从何地演化而来的？一个多世纪以来，古人类学家在东非地区和东亚地区发现并挖掘了大量的古人类化石，试图找到确凿的证据以解决这个未解之谜。

1924年，科学家在非洲找到了首个幼年南方古猿头骨，70余年之后，非洲涌现大量的南方古猿和早期人属化石，这一系列化石构成了一个相当完整的体系，因此，现在大部分古人类学家都倾向于相信人类起源于非洲而非亚洲，人类早期阶段的复杂图景逐渐变得清晰起来。

科技的发展为人们探索自身起源的奥秘提供了便利。通过在古人类化石和分子生物学方面的研究，古生物学家对目前发现的化石及其年代学进行研究推测，发现人类与古猿的分离大约在400万年前。现代分子生物学的发展，得出人类与古猿的分离时间恰恰也是在距今500万～400万年间！

为什么人类会在距今400万年前后出现？大量的地质调查发现，400万年前后是全球普遍降温的时期，冰期来临，海平面下降，在北大西洋出现了冰筏屑沉积，青藏高原隆升加速，东非高原的气候从炎热湿润变得干旱寒冷，森林植被随之减少，迫使那些习惯生活在森林地区的古猿类走向草原，从树上来到地面上，生活环境的陡然改变影响了它们的行动方式——对树林的依赖逐渐减少，不必再使用前肢握紧树枝，直立两足行走的方式初见端倪。它们开始从古猿向现代人类一步步进化开来。

二、人类的进化历程

人类进化始于森林古猿，经过漫长的进化过程从灵长类一步一步发展而

来，可划分为南方古猿、能人、直立人、早期智人和晚期智人现代类五个阶段
（图4.1）。这已经是古人类学家的共识。

图4.1　人类的进化历程示意

1. 南方古猿

大约800万～500万年前，东非大裂谷以东由于地壳变动，降水量逐渐减
少，草原取代了森林，大部分与现今猿类共祖的祖先族群因而灭绝，只有一小
部分惯于攀爬的猿类得以生存，成功地进化成生活在距今420万～100万年前的
南方古猿，也称早期猿人。

250万年前，热带非洲的气候继续恶化，冰期从北半球袭来，气候越来越
干旱寒冷，稀树大草原开始逐渐变为灌木大草原，剩余的一小部分南方古猿不
得不开始双足直立行走。南方古猿和它们祖先的多数性状相同，比如较小的个
头，长臂短腿和比较大的臼齿。南方古猿还是很原始的，语言能力很弱，脑容
量只有400～770毫升，这些南方古猿的后裔从开始的树上栖息双足行走转变为
陆地生活双足行走，并最终进化为人属。

2. 能人

能人生活在距今250万～120万年前，能人化石最早由玛丽·利在东非坦桑尼亚的奥杜韦峡谷发现。从化石可以推断能人的形态特征：能人和南方古猿有很大不同，除直立两足行走外，他们头骨比较光滑，面部结构轻巧，他们很矮，高度不过1.4米，前臼齿比纤细型南方古猿窄，犬齿变小，锁骨与现代人相似，手骨和足骨比现代人粗壮，头骨的骨壁薄，眉嵴不明显，脑容量大约为680毫升，比南方古猿的平均脑量大得多。

能人是目前所知最早能制造石器工具的人类祖先，还会猎取中等大小的动物，并可能会建造简陋的类似窝棚的住所。语言能力明显增强。1964年被定名为能人，即意为能干、手巧的人类。

3. 直立人

直立人，也称晚期猿人，是指距今200万～20万年前生活在非洲、欧洲和亚洲的古人类，一般认为直立人起源于非洲。直立人的化石最早由荷兰医生杜波依斯于1890年在印度尼西亚爪哇发现，于1894年命名为直立人。

20世纪初，北京周口店发现的猿人化石"北京人"属于直立人，从化石可判断出直立人的体态特征：面部比较平扁，平均身高约160厘米，体重约60千克，女性骨盆出口增大，两性差别缩小，但头骨的骨壁增厚，后部牙齿减小，使相应的牙床和支持面部及下颌骨的骨结构减小，这显然与直立人经常以肉食代替若干植物性食物有关。

另外，直立人早期成员的脑量已经达到800毫升左右，晚期成员为1200毫升左右。直立人语言能力相当于现代人7岁儿童的能力。直立人是最早会用火，最早能够按照心想的某种模式来制造石器的人类物种。直立人的出现标志着人类的史前时代在200万年前所经历的又一次巨大的变化。

4. 早期智人

早期智人是指距今25万～3万年前的古人类，也称远古智人。最早是在

1848年西班牙的直布罗陀被发现的，直到1856年在德国迪塞尔多夫附近河谷的一个山洞中发现"尼安德特人"一个成年男性的颅骨，古人类学曾将早期智人化石统称为尼安德特人。我国的早期智人化石也很多，比如"金牛山人""大荔人""丁村人""马坝人"等。

早期智人的主要特征是脑量较大（男女平均为1400毫升），但脑的结构却比较原始。眉嵴发达，前额倾斜，鼻部肩宽，颌部前突。早期智人的石器制作水平较高，打制的石器种类更多、更精细，已有复合工具；他们不但会用天然火，也会人工生火；穿兽皮，开始有埋葬死者的风俗。社会形态已进入早期母系氏族社会。

5. 晚期智人

晚期智人就是解剖学上的现代人，也称现代智人，生活在5万～1万年前。最早于1868年在法国克罗马农的一个山洞中发现，所以晚期智人又被称为"克罗马农人"。晚期智人遍及五大洲，是分布最广的人类。中国的山顶洞人、河套人、资阳人均属晚期智人。晚期智人的体貌特征是：额部较垂直，眉嵴微弱；颜面广阔，下颌明显；身体较高，脑容量大。这些体貌特征已很接近现代人。

晚期智人会制造磨光的石器和骨器，已学会钻木取火，能用兽皮缝制衣服。当时的社会，男女已有明确分工，男人打猎捕鱼，女人采集和管理氏族的内部事务。由于还实行群婚制，妇女仍是氏族的中心。

随着人类化石以及更多的哺乳动物化石被开挖和保存，科学家逐渐搭建起第四纪生物界的雏形，经过人类的不断探索研究，第四纪时期的人类演化发展全面地构建起来。第四纪是人类演化发展的重要时期，曾有人把第四纪称为灵生纪或人类纪，这与人类的密切关系可见一斑。人类的出现是生物界演化最重大的事件，从此地球进入了一个极其特殊的时期。

第二节　人类并不孤独

地球表层是人类的居所，灿烂的人类文明在这里得以薪火相传，人类与地球环境在磨合中相互影响，共同发展。人类属于地球上无数物种的一种，从生命角度讲，人类在地球上并不孤独。

众所周知，地球的外部圈层中，生物圈是地球生物及分布范围所构成的一个极其特殊又极其重要的圈层，是地球上最大的生态系统，也是最大的生命系统。

地球上的生命历史非常漫长。距今46亿年前，原始太阳系里一些气体尘埃云凝聚形成了最初的地球。生命是随着原始大气的诞生开始孕育的。在早期太阳系里，一些处于原始状态的天体频繁和幼小的地球相撞，这不仅增大了地球体积，运动的能量也转化为热能贮存在了地球内部。撞击不断地发生，地球内部蓄积了大量热能。地球的平均温度高达几千摄氏度，内部的金属和矿物变成了熔融的炽热岩浆。岩浆在地球内部剧烈运动着，不时冲出地球表面形成火山爆发。生命的诞生与原始大气密切相关。简单的气体分子在吸收了紫外线、闪电等各种能量之后，进而产生各种化学反应，为形成最初的有机分子做出贡献。

从远古单细胞的生命发生，到哺乳动物以至人类的出现，生命的发展经历了35亿年。在这35亿年里，形形色色的地球生物有的繁衍生息发展壮大，有的则因为环境的巨变不幸灭绝或濒临灭绝（图4.2）。在人类诞生繁衍之前到现在，地球上有多少"物种过客"？

此前研究表明，地球上的生物种类是在300万到1000万之间。据联合国环境规划署最新发布的一份报告称，地球上共有870万种生物，其中包括650万种陆地生物和220万种海洋生物，误差在130万左右，也就是说，地球生物的种类数可能是在740万到1000万之间。这其中，科学家已经了解的生物总数大约为120万种，其中已知陆地生物大约100万种，已知海洋生物只有20万种，剩下的近750万种生物尚未被发现或者人类对它们所知寥寥，以至于无法归类或记录。

图4.2 生命进化历程

美国夏威夷大学生态学教授卡米洛·莫拉说："科学家对世界上存在多少物种这个问题一直感兴趣。现在得到答案尤为重要，因为人类活动及其影响正加速一些物种的灭绝。许多物种可能在我们发现它们的存在之前就已经灭绝。它们可能对生态系统有特殊的功能和作用，对提高人类生活质量有潜在贡献。"在国际自然保护联合会（又称"国际自然及自然资源保护联盟"）发布的"红色名录"中，将近6万个物种面临灭绝风险，其中将近2万种处于濒危状态。据可靠的数据说明，每天约有100多种生物在地球上灭绝，很多生物在没有被人类认识前就消亡了，这对人类无疑是一种悲哀和灾难。

保护生物多样性对于人类非常重要，人类若不想孤独，尊重和保护地球的生命和物种势在必行。任何一个物种一旦灭绝，便永远不可能再生。如今仍生存在地球上的物种，尤其是那些处于灭绝边缘的濒危物种，一旦消失，人类将永远丧失这些宝贵的生物资源。生物多样性的维持，有益于一些珍稀濒危物种的保存。

为保护生物多样性，国际上通过立法来保护动物，现在保护动物的法律有国际法和国内法两大类。国际上有1948年生效的《国际捕鲸规则公约》、1971年的《国际重要湿地特别是水禽栖息地公约》、1973年的《濒危野生动植物种国际贸易公约》、1979年的《保护野生动物迁徙物种公约》、1980年的《南极海洋生物资源保护公约》、1990年的《生物多样性公约》等法律规范；而我国国内也有《野生动物保护法》《环境保护法》《海洋环境保护法》等。此外，对于一些生活着大量野生动物的地方，往往通过建立野生动物自然保护区的方式，为动物提供天然场所，减少人类对动物的干扰。

第三节　记载历史的大脚印

大约在2亿～7千万年前的时候，地球上生活着一个庞大的家族，它们占领了海洋、陆地和天空等一切生态位，尽管气候、陆地和植被都逐渐发生着变化，但其他所有动物依然无法和它们对抗，它们是名符其实的霸主——恐龙。

然而在6500万年前（即白垩纪—古近纪之交时），恐龙突然快速地从地球上消失，留下一个生命演化史上的未解之谜。许多古生物学家致力于研究恐龙相关问题。

恐龙足迹是恐龙研究的一个重要分支，是指恐龙在沉积物表面留下来的足迹，经过成岩作用而保存下来的化石，不仅包括了恐龙的足迹、行迹，还包括恐龙的游泳迹、尾迹以及休息迹等。

恐龙足迹有着恐龙骨骼化石无法替代的作用，骨骼化石保存了恐龙生前身后一些支离破碎的信息，足迹化石却记录了恐龙生活时的活动范围。通过研究恐龙留下来的痕迹，可以分析出相关信息：诸如行走姿态、身体长度、重量和大小、行走速度、生活习性、行为方式等。

恐龙足迹成为科学家们研究古生物和地球历史的重要信息载体，是第四纪"花园"中重要的景观。恐龙足迹遍布于世界各大洲，中国的恐龙足迹也非常丰富，全国除少数省份都有发现。中国发现的恐龙足迹多数为侏罗纪和白垩纪各个时期。

一、山东诸城恐龙足迹化石群

该足迹化石群位于山东省诸城市黄龙沟西北方向15千米的库沟恐龙化石长廊，形成于距今约1亿多年前的白垩纪中期，无论是恐龙足迹的数量，还是分布面积均属罕见。已发掘恐龙足迹面积约2600多平方米，形态各异、大小不一、深浅不同的各种恐龙足迹3000多个，保存非常完好。诸城恐龙足迹群被证实为世界最大规模恐龙化石群。

二、北京延庆地质公园恐龙足迹

2011年夏，中国地质大学（北京）张建平教授的研究团队在北京延庆地质公园发现了大批恐龙足迹。经过研究分析认为：延庆的这批恐龙足迹化石，归属于晚侏罗世覆盾甲龙类、兽脚类、鸟脚类及可能的蜥脚类恐龙足迹。其中较多的覆盾甲龙类足迹表明，早在侏罗—白垩纪之交，京北、冀北—辽西地区就活动着覆盾甲龙类。中型四足恐龙足迹是延庆化石点最丰富的恐龙足迹之一，它们从尺寸上明显区别于其他的大型蜥脚类足迹，体长只有前者的一半多，约7米。这些足迹为白垩纪热河动物群提供了绝好的演化样本，具有非常重要的科学意义和科普价值。

三、四川自贡恐龙国家地质公园

美国《国家地理》杂志称自贡恐龙博物馆是"世界上最好的恐龙博物馆"。该地质公园盛产中侏罗世的恐龙化石，数量丰富、保存完整。在已发掘的2800平方米范围内共发现200多个个体的上万件骨骼化石。在恐龙化石中有长达20米的食植物性长颈蜥脚龙，有保存完整的短颈蜥角龙，有凶猛的食肉恐龙，也有仅1.4米长的鸟脚龙，而且有目前世界上时代最早、保存完整的原始性剑龙及其伴生的首次在我国侏罗纪地层中发现的翼龙，还有生活在河湖中的蛇颈龙等。化石群中还包括与恐龙生活相关的鱼类、两栖类、龟鳖类、鳄类、翼龙类、似哺乳爬行类等18个属21个种，20个种为新种。

四、中国重庆綦江恐龙足迹群

由于保存条件苛刻，足迹化石弥足珍贵。重庆綦江国家地质公园莲花保寨恐龙足迹群在面积不到80平方米的地面上，共发现足迹600余个，包括了鸭嘴龙形类、古鸟类、翼龙类、兽脚类、蜥脚类等不同类型，具有丰富的多样性。

这里的莲花卡利尔足迹是目前中国保存最完美的鸭嘴龙形类足迹，在形态上可与南美、北美、欧洲以及亚洲其他地区的同类足迹相对比。这一区域还同时发现了大量的古鸟类足迹，行迹一致，体现了群体生活特征。更难得的是，这批足迹与翼龙类足迹保存在一个层面上，具有竞争关系的两类飞行动物同时出现，向我们提供了古生态学的诸多信息。足迹保存方式有凹形、凸形、幻迹、重叠、立体等。不同保存方式的足迹保存于同一个化石点，无论在中国还是世界上都十分罕见。

第四节　精神的家园

20世纪地球科学在两个方面引人注目，一是全面系统地深化了地球组成、结构、形成演化意识；二是人类利用地球的广度、深度和速度前所未有，如果开发、利用过度，地质遗迹就会面临消失的危险，我们必须保护让我们获得灵感和知识的地质遗迹。

世界地质公园计划于21世纪初由联合国教科文组织提出并推广。地质公园是指具有特殊地质科学意义、罕见自然属性并有一定美学观赏价值的地质遗迹主体，形成了一定分布范围和规模，融合周围的自然和人文景观共同构成的一种独特的自然区域。中国在这方面也做出了应有的贡献。保护地质遗迹与充分利用地质遗迹必须全面结合，传播对地质遗迹保护利用的知识和技术方法，使那些地质遗迹走入寻常百姓家，营造全社会保护地质遗迹的自觉性，这就需要保护和利用地质遗迹的新技术、新方法、新理论。

从利用岩洞当住所，寻找岩石制作石斧、石凿，开发金属矿产，冶炼金属制造机器，到开发信息技术，登月探索地外文明，都与地质遗迹资料的利用和保护密切相关，地质遗迹资料的开发保护历史就是人类从游牧渔猎采集、农业文明进入工业文明与生态文明时代的历史，农业文明转入工业文明加速了矿产资源和能源资源的开发利用。然而地质遗迹被损耗、地质遗迹景观被蹂躏的现象严重，人类面临着危机，"只有一个地球"的呼声召唤着人类，大众需要地球科学知识，需要岩石、地形、地质过程的知识，需要地球资源的知识，需要地球演化的知识，建设地质公园行动就产生于这样独特而复杂的背景下。

足迹探访世界各地，让人类的小脚踩着世界各地曾经的足迹，来探秘地球的历史，让人类的脚印踏遍世界吧。

"土地平旷，屋舍俨然，有良田、美池、桑竹之属。阡陌交通，鸡犬相闻"——陶渊明笔下的《桃花源记》，描绘了一幅人人自食其力、自得其乐、和平恬静的理想社会，历来被人们认为是世俗喧嚣之外的精神净土。在当代社会，人们欣赏山水风景之风日盛，追求返璞归真，回归人类原始精神家园，实现天人合一。"世界上有两个桃花源，一个在您心中，一个在地质公园。"地质公园可以作为人类的精神家园。

地质公园既为人们提供了具有较高科学品位的观光旅游、度假休闲、保健疗养、文化娱乐的场所，又是地质遗迹景观和生态环境的重点保护区，以及地质科学研究与普及的基地。到2018年4月，全球已经建立了140个世界地质公园，其中中国有37个，中国还分4批建立了206个国家地质公园。建立地质公园的主要目的有3个：保护地质遗迹，普及地学知识，开展旅游促进地方经济发展。

地质遗迹主要指有重要价值的古生物化石及产地、地质地貌景观等。田廷山曾说，我国地质构造多样，各种气候条件并存，从世界最高的喜马拉雅山脉到高原，到平原，地质形态、规模都很齐全，在国际上享有盛名，包括各种岩溶、火山、冰川、海蚀、花岗岩奇峰等奇特的地质地貌景观，典型、连续的地质、地层剖面和构造，丰富多样的古生物化石等一应俱全。如桂林喀斯特地貌，黑龙江五大连池火山群地貌等，都是人类的宝贵财富。

地质公园的收益首先体现在资源保护方面，这也是设立的根本初衷。地质公园的分级分区保护，可以避免对地质景观与资源的掠夺式矿业开采，达到保护地表与地下生态系统的目的。其次，地质公园刺激经济发展，得到直接经济收益。很多地区级乃至国际级的重要地质景观在成为知名旅游目的地之后，地质公园的发展为它们吸引了投资，因此保护和推广地质遗产地能促进旅游经济，催生相关产业部门的发展。最后，地质公园可以为中小城镇取得一定社会效益，助其启动跨越式旅游发展。地质公园无须建造大量设施和增建新的机构，其开发运营的政府投资相对较少。因此，它可成为中小城镇地区性发展计划的组成部分和旅游品牌营销战略的有效工具，帮助其创建新的旅游目的地形象。

地质公园将历史、农耕、民俗文化与地理、自然、生态文化良好融合，引导人们深入了解人类生存与地球发展间的内在关联，从而自觉自愿地建立地球保护意识，实现社会文化认知整体提升。地质公园作为在全球范围内方兴未艾的保护区与旅游地复合发展的模式，其经济、社会、生态和文化价值潜力非常值得进一步深入研究。

第五章　国际地质公园的『风景』

美国、欧洲等发达国家和地区的地质公园科普教育研究表明，其人性化的科普方式、创新的科普意识、完善的科普手段、多样的科普媒介，是其成功的关键。美国的"分享自然"、意大利的"活泼讲解"、澳大利亚的"细致入微"、日本的"精致全效"科普教育特色，为国际地质公园提供了一道亮丽独特的风景线，无疑也为我国这一领域的科普教育提供了成功的典范。

第一节　与我一起分享自然

1989年，在华盛顿，联合国教科文组织（UNESCO）、国际地质科学联合会、国际地质对比计划及国际自然保护联盟（IUCN）为了选择适当的地质遗址来纳入世界遗产的候选名录，专门成立了"全球地质及古生物遗址名录"计划。该计划在1996年改名为"地质景点计划"。在1997年的联合国大会上通过了教科文组织提出的"促使各地具有特殊地质现象的景点形成全球性网络"计划，并从各国选出具有代表性、特殊性的地质遗迹纳入地质公园，其目的是使这些地区的社会、经济、文化得到持久的发展。在1999年4月联合国教科文组织第156次常务委员会议中提出了建立地质公园计划，目标是在全球建立500个世界地质公园，其中每年拟建20个，并确定中国为建立世界地质公园计划试用点国之一。

在中国，国家地质公园由国家行政管理部门组织专家审定，由国土资源部正式批准授牌。地质公园分四级：县市级地质公园，省地质公园，国家地质公园，世界地质公园。

【知识延伸】

世界地质公园徽标（图5.1）左侧为联合国教科文组织的徽标，图中的字样"UNESCO"是联合国教科文组织的缩写，融入神庙图形里象征支撑力量的柱子

中，清晰地表达出保护世界性文化、
自然遗产的理念。右侧的圆弧象征着
地球，五条曲线分别代表地球五大圈
层，象征地球是一个由已形成我们环
境的各种事件和作用构成的不断变化

图5.1 世界地质公园徽标

着的系统。整个徽标的寓意是：在UNESCO的保护伞之下，世界地质公园是地球
上选定的，其所含地质遗产已受到保护，并为可持续发展服务的特别地区。

美国国家公园一般指国家地质公园，它作为全世界了解美国自然、文化
和历史遗产的主要窗口，有效地保护了美国的自然历史文化资源和地质遗迹资
源，提供了重大的科学价值、美学观赏价值、经济价值和生态价值。美国国家
公园的科普教育体系有鲜明的特色和教育功能，对世界上其他国家的国家公园
科普教育建设有很好的借鉴作用和参考价值。目前我国国家地质公园在设计规
划、管理体制、组织形式、人员结构方面均与国外先进做法存在较大差距，亟
待创新管理制度和科普教育体系，为资源的可持续发展提供良好的环境。鉴于
此，本文在概要分析美国国家公园科普教育现状的基础上，对其主要的科普方
法和主要途径以及经验等方面进行了深入探讨，对我国国家地质公园的科普资
源开发和科普教育建设提出若干政策建议。

一、美国国家公园概析

美国于1872年在黄石火山地区以丰富的温泉地热景观和丰富的野生植物品
种为内容正式建立了世界上第一个国家公园——黄石国家公园（Yellowstone
National Park），它实际上是一座典型的地质公园。之后，美国建立了以联邦政
府命名的国家公园50余个，以美国西部地区分布尤为集中。美国国家公园按照其
景观特征大致可以划分为峡谷型、峰丛型、砂石林型、拱门型、冰川遗迹型等。

美国建立国家公园以来，世界各国参照美国的模式纷纷建立起自己的国家公园，据不完全统计，全球120多个国家共建立了2600多个国家公园，平均占陆地面积的2.6%，可见美国国家公园的出现对世界上其他国家的公园建设产生了深远的影响。除此之外，美国在国家公园管理制度上具有完备的国家公园系统，本着公益性目的，保护国家大部分重要的自然和文化资源，其在规划、建设、管理和生态环境保护等方面积累了100余年丰富的经验，尤其在科普教育方面形成了较为完善的体系，美国国家公园因而也成为了"没有围墙的教室"，为世界各国所关注。

二、美国国家公园科普教育的主要方法和经验

美国国家公园的科普教育体系，主要包括公园内特有的各种地质遗迹景观、地质博物馆、科普宣传牌等基础设施的硬件系统和为游客提供的地学导游讲解、地质科普网站、刊物、导游手册、专题展览、科普夏令营等软件系统两个方面，通过硬件系统和软件系统共同作用，让游客了解国家公园的基本特性、构造演变历史、形成地质遗迹过程，从而满足游客探索大自然奥秘的好奇心，扩大地球科学知识的普及范围和效果。

总体来看，美国国家公园的科普教育平台和科普教育途径主要有以下几种：

1. 国家公园博物馆开展科普教育

（1）以地学实物标本或模型直观展示地学知识

作为研究和展示"地质遗迹"的专业型博物馆，美国国家公园博物馆全面地展示了动植物标本、重要古生物化石、典型地质矿物等，将其极具说服力和感染力地呈献给每一位观赏的游客。这让广大游客特别是青少年通过对比实物与模型、互动体验等方式，学习相关的科学知识；让史前地质内外动力所造就的地质遗迹在博物馆内通过标本、模型的形式得到完美的阐释；让人们通过博物馆深刻地了解地球历史。

（2）用计算机技术生动展示地质现象

由于地质公园博物馆所陈列产品的特殊性，在馆内，常配合利用计算机技

术来展示一些特殊、重要的地质现象。美国发达的计算机技术为展示地质现象发挥了作用。通过运用这些技术使实物标本更加生动逼真,无论是在视觉、听觉还是在触觉上,都能让游客产生一种身临其境的感觉。

(3)用浅显易懂的语言描述地质历史

由于地学知识具有极强的专业性,涉及的地学专业名词较多,这些专业名词对大多数的观光游客来说都非常陌生,这就要求用浅显易懂的语言来描述地学历史,从生活出发,吸引游客对地球历史的兴趣,激发他们对地质背景及发展历史的好奇心。美国国家公园的导游解说过程通常采用这种方式进行,得到了很好的反馈,这一点值得各国地质博物馆讲解的学习。

(4)用实践唤醒游客兴趣

地质公园博物馆的室内展示与讲解固然重要,室外实践也必不可少。美国国家公园博物馆特别注重游客的实践和互动,因此在注重室内展品的展示外,更加重视室外地学科普实践活动。

2. 完善的网络信息系统加强科普教育

目前,美国多数地质公园都建设了各自专门的公园网站,因其容量大、信息更新快、宣传形式多样等受到众多游客尤其是年轻受众群体的喜爱。美国国家公园网站已经成为国家公园科普宣传的一个重要方式。虽然每个国家公园网站的架构、布局、内容和科普宣传方式各不相同,但在不同国家公园的网页上都设置有专门的"科普宣传"栏目,由此可见其对科普教育的重视。各个国家公园大多结合自己的国家公园特色,开展有针对性的科普知识和栏目的设计,并力求科普知识的科学性和规范性。有些国家公园还在科普栏目下设置针对专门群体,如"儿童科普""老年人科普"以及"专业人员科普"等不同的类别,精心设计有关的科普知识和浏览内容。

3. 地质遗迹区科普释意完善科普教育

在美国国家公园内,精心规划和设计的地质景点说明牌,文图兼并,讲解地理环境变迁、动植物与自然环境的关系等。这些科普释义和解说牌旨在说实事、讲知识，极少涉及神话传说，成为天然的博物馆和无声的导游，使不同受众在旅游观光的同时增加相关科学知识，提高对自然资源和地质遗迹的保护意识，同时也彰显国家公园的独特魅力，提高公园旅游的科学文化品位。

很多美国国家公园对导向标识系统的制作质量要求几近苛刻，在美国西部的国家公园会不间断有探险者，所以国家公园导向标识系统的质量尤其重要，对风化、腐蚀、风吹等各个指标都有严格的标准，也更加注重标识系统的规范性，一些年轻人还成立了"根除拼字错误促进联盟"（Typo Eradication Advancement League），以保证公园标识的趣味性和科学性。

4. 国家公园宣传材料强化科普教育

美国国家公园经历了百余年的发展建设，拥有一大批高质量的公园科普教育教材，内容涵盖不同的方面。例如在环境保护方面，涵盖了生物进化过程、环境破坏现状和生物多样性保护等。同时，通过编制系列导游和科普宣传材料，如地质公园导游图、导游手册、导游词、科普画册和书籍等，既系统介绍了地质公园科学内容，又能体现通俗易懂、深入浅出的特点。它既可使专业人员和地质导游能够接受，也能让普通游客容易理解，起到更好的科教宣传作用。

美国国家公园内均设置了别具特色的游客中心，免费发放各种科普宣传材料，通过积极探索、大胆创新，在国家公园的科普宣传上走出了一条独具特色的道路，引起了世界同行的关注。

三、对中国地质公园科普教育的借鉴与启示

地质公园的原则是保护地质遗迹，并带动经济效益。首先，在中国地质公园开发的弊端在于同一种类型的自然资源开发过多，而另外一些类型的地质公园开发寥寥无几，有些甚至还处于某个不被人熟知的角落里。比如，在西部地区，强烈的地质运动后遗留下来的地质遗迹因不被相关部门重视而没有得到很好的开发利用。其次，在地质遗迹被转化为地质公园的过程中，自然因素应当

占主要部分，人为因素应当尽量减少，否则，地质公园将背离其建立的出发点和最终目的。因此，在地质公园评比及建立的过程中，应该由国家统一规划管理，避免过分开发某一种资源。再次，充分利用数字化、信息化技术，加强宣传相关地质知识，加强解说的力度，比如在每一个体现地球地质地貌相关知识的地点标注宣传标识。

我国地质遗迹资源开发利用总体水平低，浪费和破坏现象严重。地质遗迹是珍贵的自然遗产，这些不可再生的地质作用的产物，是人类通往了解46亿年地球历史的必经之路。但是，地质遗迹保护经费严重不足，真实有效的保护政策不能及时出台，对地质资源有利的保护工程不能及时上马，由于人为因素造成地质遗迹破坏的现象仍然相当严重。有些重要的地质地貌景观遭破坏甚至永久地消失。而且，个别地区走私、倒卖重要古生物化石的现象时有发生，许多珍贵化石从此流失。虽然地质公园多依自然景区而建立，但是，地质公园建设要依据地质现象的分布为主，导致地质公园和自然景区往往不是同一边界。有相当数量的地质景点分布在自然景区以外，自然景区管理没有采取适当的保护措施。即使在景区内，地质景点也饱受风吹日晒，甚至被人为地破坏。有许多优秀的地质遗迹裸露在人行道上，典型的几何形态就逐渐模糊。

关于地质遗迹的保护，法律法规还不健全，乱刻乱画、滥采滥挖的现象时有发生，甚至有些保护区内还存在非法采集生物化石并进行非法买卖。这些现象足以说明现有法律法规执法力度远远不够。针对地质公园建设管理工作中法规建设不足，国家应该对地质遗迹保护有更加明确的法律依据和强有力的实施措施。但截至目前，并没有形成不同级别的法制体系，从而导致地质遗迹保护区和地质公园建设不能做到有法可依，司法行政部门就没办法严格执法。为了便于操作和管理，各级主管部门应有适合本地区的可操作性强的行政规章出台。对于景区管理方面的建设，自然资源、森林、旅游、水利等部门都在某些方面具有管理职能，需要形成各负其责、各司其职、齐抓共管、持续发展的局面。

1. 地质公园博物馆建设

我国应建设更多专业的地质博物馆，利用实物、模型、照片、图片、文字、影视多媒体及信息系统等多种形式，向游客全面介绍地质公园的资源、地质及其他景观、自然和社会环境以及地质发展历史，向游客进行科学知识宣传和环保意识教育，使其成为功能独特的宣传基地。例如：

（1）利用3D电影放映技术，直观地呈现宇宙的奥秘及此地质公园的形成和变化发展，把地质遗迹或者曾经在这里生活的动物直观化。

（2）利用模型（图5.2）使掩埋地下的动物直观化，最大化还原过去几千年甚至几亿年这里的景色。

（3）设置科普墙，不间断地传送知识，跟随它就像经历了亿万年的时间，让游客全方位了解公园的变迁以及其中蕴含的奥妙。

图5.2　恐龙骨架化石

2. 景区景点说明牌建设

如果公园里地质标示牌的数量不充足，宣传标识牌的摆放位置不恰当，导致游客不能详尽了解相关的地学背景知识，造成地学旅游科普性大打折扣。

知识性和科学性是地质公园旅游区别于一般旅游地的基本特征，但由于地质遗迹的科学涵义不易被人理解，要真正了解必须具有一定的相关专业知识，导游应该接受系统、正规的地质基础知识学习，并经过专门培训。因此，建立科学严谨、通俗易懂、形式多样的解说系统，对地质公园的可持续发展具有重要意义。

3. 提倡受众"深度参与"，增加地质公园科普实践

在国家地质公园内，可以结合地球日及地方性节日等，开展国家地质公园系列科普宣传活动，编辑一些通俗易懂的科普读物和科普材料、图册等，增加形式多样的科普宣传方式，如科普猜谜、有奖问答、互动参与、地质公园摄影比赛等方式，寓教于乐，丰富科普宣传内容，扩大地质科普宣传效应。

4. 地质科普教育品牌化战略

当前，我们国家把生态文明建设放在了突出位置，对科普宣传的重视度也越来越高。因此，在国家地质公园建设过程中，同样需要加强对地质公园科普工作的管理、监督和检查力度。同时，可以整合不同地质公园之间的科普教育资源，把优秀的科普作品和成功的科普教育工作经验推广到各个地质公园。通过借鉴国外地质公园的科普教育经验，设定一定比例的科普教育专项资金，促进地质公园的科研、科普教材和科普读物编制、科普产品制作及科普主题工作开展等。

地质公园的科普教育是一项长期的系统的工程，需要广大科普宣传工作者的共同努力。借鉴美国国家地质公园有效的科普教育平台和方法，需要结合中国的实际，才能不断促进我国地质公园地质科普建设，从而更好更快地为我国地质公园科普教育服务。

第二节 业余的"专业"讲解员

博物馆在社会性文化教育中占有重要地位，而专业的讲解是充分发挥其功能的重要方式。目前由于专业讲解员为数不多，使用电子语音导览设备又不能生动地讲解地质遗迹形成过程以及其中的奥妙所在。所以，为了解决专业讲解员不足与观众需要提升的矛盾，在目前形势下，地质公园博物馆选聘志愿讲解员不失为一个有效的途径。这一点，欧洲许多国家得以实施。

一、专业讲解员在宣传工作中的重要作用

无论是博物馆里经过艺术和装饰陈列的地学实物标本与模型，还是天然地质公园中直观的地质文化遗产，由于观众具有不同的文化水平和理解能力，所以只有通过讲解员对观众进行观点鲜明、内容准确、史物结合、表述生动的讲解，引导观众把通过视觉获得的初步感性知识，上升为对陈列主题的正确理解，最终形成系统的理性知识，才能充分发挥科普教育功能。因此，讲解员在科普教育工作中起着至关重要的作用

二、志愿讲解是专业讲解的有效补充

1. 志愿讲解员的概念

志愿讲解员，是国家地质公园面向社会招纳的不计回报、有志于科普教育讲解事业的志愿服务人员。志愿服务，不计报酬，无私奉献于社会，服务于大众，是人类崇高的价值取向，体现人类高尚的人文精神。在经济迅速发展的当今世界，受金钱价值取向的影响，尤其显得难能可贵。因此，志愿做义务讲解员是一项非常有意义且应该积极倡导的社会文明，这样不仅能缓解国家公园科普教育工作的压力，给广大观众提供方便，也为大学生了解祖国历史文化、陶冶情操、进行社会实践提供了良好的实践机会。

2. 志愿讲解员应具备的素质

国家地质公园的志愿讲解员需要有较高的专业素质，要求志愿者具备相当的语言表达能力和一定的科学研究能力等。此外，志愿者还要具有为大众义务奉献的精神，这些都是对志愿者本人素质和能力的考量，是对志愿者本人服务奉献于社会的精神和意志的考验。只有那些自觉要求不断学习，不断提高自身文化和科学素养，不断提高和增强自身综合素质及能力的人才适合做志愿者工作。志愿者在志愿服务中不断提高自身素质和能力，得到大众和社会的认可，更好地体现和实现自身的人生价值，不断地发掘自身的潜能。

3. 业余的"专业"讲解员发挥的作用

实践证明，地质公园的志愿者工作无论对社会还是对地质公园科普教育工作都发挥着积极作用。作为一项社会活动，它是改善社会风气、建立温馨和谐人际关系的有效措施，是一个让志愿者实现社会价值和个人价值的舞台。从地质公园的角度出发，它是教育工作传播的一条途径，为志愿者这一群体提供了一个参与社会实践和发现自我、提升自我、展示自我的平台。同时，开展志愿者工作也是地质公园走向社会、服务社会的一种实践。

4. 以意大利戈尔阿尔坎塔拉地质植物公园为例说明

意大利戈尔阿尔坎塔拉地质植物公园位于格拉尼蒂埃特纳火山附近，靠近阿尔坎塔拉峡谷（图5.3）。温暖的气候使这个地质植物公园四季如春，游客如织。公园成立于2001年，目的为保护河流，并鼓励利用它作为一个休闲区和旅游目的地。这座自然天堂可以追溯到40万年前，它是由岩浆流堆积而成，公园以典型的火山地貌、阿尔坎塔拉峡谷以及不同类型的植被为特色。

公园内绝对专业的"业余"讲解人员是公园内除优美的自然与人文景观外的一大亮丽的风景。园内讲解人员绝大多数为业余的志愿者，但他们对相关的专业知识却非常熟悉，能够结合不同的游客群体，细致耐心地讲解有关地学知

图5.3　阿尔坎塔拉峡谷景观

识，其讲解有声有色，也不会让人感到乏味枯燥。例如，关于火山知识的讲解，他们会结合专业的图示和形象的比喻，寓知识于轻松的休闲之间，耐人寻味。

第三节 细致入微的关怀

在景区建设与管理，以及对游客科普教育上，澳大利亚的细致全面和具有地方特色值得学习。下面介绍的澳大利亚的塔朗加动物园对动物的研究、保护与科普，也能为地质公园提供借鉴。

一、动物的"超级豪宅"

塔朗加动物园位于悉尼海港的北岸，是澳大利亚著名的动物园之一，动物园依山伴水，面海而建，整个园区掩映在丛林之中。澳大利亚动物种类繁多，大部分是该国土产野生动物——澳大利亚对动物输入的严格限制，以实现对本土动物的有效保护。塔朗加动物园成功地繁殖了极其稀有的树袋熊、丛尾短鼻鼹及白喉袋鼠。为了加强科普教育功能，公园每年都有丰富的鸟类展览，包括一些珍贵罕见的琴鸟以及园丁鸟、吸蜜鸟、果鸠等；该园拥有澳大利亚所产的50余种鹦鹉中的大部分，还建有一所现代化的兽医院和一个科研综合实验室进行动物研究和保护。因其拥有种类众多的本土动物，被誉为动物的"超级豪宅"。

二、独树一帜的环保科普教育

经研究发现，塔朗加动物园科普独具环保特色，主要表现为以下几个方面：

1. 寓教于乐中普及环保意识

动物表演是很多动物园的主要特色之一，塔朗加动物园同样有很多特色动物表演，如"海豹表演"和"鸟类自由飞翔表演"等，但是该动物园的动物表演别具一格，不仅照顾到各年龄群体，且寓教于乐，随时普及保护环境的知识，整个过程顺理成章，潜移默化中凸显其主要特色，有助于孩子们从小就树立与动物和谐相处和保护环境的理念。

2. 解释文字贯穿环保情境

考拉以动作迟缓、憨态可掬的形象一直深受澳大利亚人民喜爱，但其生存环境一直不容乐观。塔朗加动物园考拉馆针对这一情况，以形象感人的文字描述出考拉的特点和其生存环境受到的威胁，并呼吁政府机构、社会团体和个人行动起来，为保护考拉的栖息地做出了成功的一步。在非洲狮馆里，采用详尽的数据对比，真实记录了过去几十年环境破坏的现状及其对非洲狮数量的影响，让人震撼的同时更具有感染力。

3. 导游讲解融合环保态势

澳大利亚的导游实时宣传澳洲的环保，其讲解富含知识性和趣味性，点点滴滴的解说，让人养成一种良好的环保意识：人类时时刻刻都要与动物和谐相处，与自然和谐相处，才能保护整个生态平衡。

4. 主题宣传凸显环保理念

塔朗加动物园还注意主题宣传，以加强一些特殊物种的保护。例如，通过"塔斯马尼亚恶魔"的主题宣传，强调这种现存的世界上最大的肉食性有袋哺乳动物袋獾（也叫大嘴怪）的重要性。袋獾是一种食性特殊的哺乳动物，对整个生态系统的生态平衡起着极其重要的作用，因此澳大利亚的主题宣传以图片、音乐、解说等多种形式对袋獾的重要性进行了宣传普及，强化了人们环境保护的意识，让人印象深刻。

5. 图片展示强化环保教育

塔朗加动物园注重以直观形象的图片展示景观特点。例如：在鸟类专栏中，用图片与文字结合，呼吁为鸟类创造一个友好的花园；用图片展示区宣传保护澳大利亚濒危动物之——Corroboree青蛙，娓娓道来，让人不禁思索，又让人充满希望。

塔朗加动物园的这些环保科普措施在澳大利亚很有代表性，既让人感到生动、亲切和有趣，又让人在不知不觉中受到教育和感染。其让科普教育走出课堂、变被动接受者为主动参与者的做法，使科普教育更加生动活泼和深入人心，使得游客能清晰感知人与动物、自然和谐相处的重要性，其生活化、群众化的科普教育更加容易被接受。

第六章　中国地质公园的保护

第一节　荒野中的奇迹

　　地质公园不是大自然的孤岛，可以作为人类心灵的庇护所，满足人类对荒野的需要与自然的渴求。它让人们更接近岩石与天空、阳光与水体，平添登山家和攀岩族对抗高山与峡谷的勇气，激发激流探险的勇士感受澎湃的生命，鼓舞游客尽情沐浴自然的洗礼，放纵自己的梦想，细心倾听来自岩石的声音。

一、大自然的馈赠——地质公园

　　地质公园是近几年才被广大地质学者所熟识的，很多非专业人士也许对此还十分陌生。地质公园实际上就是围绕着地质遗迹建立起来的保护区。地质公园是大自然给予人类最好的馈赠，它们不仅反映了地球漫长的演变史，也是地球内、外力运动的见证者。地质公园显然是地质地貌景观的载体，具有集峻、奇、秀、美为一体的魅力。无论是人迹罕至的戈壁滩、毫无生气的冰川带，还是那"难以上青天"的蜀南之地都有它们的足迹，它们具有"白杨树"一样的精神，顽强、坚韧地屹立在那里，毫不吝啬地为人们展示着美丽。它们就是镶嵌在祖国大地的明珠、荒野中的奇迹。。

【知识延伸】

　　中国国家地质公园徽标（图6.1）的主体图案，由代表山石等奇特地貌的山峰和洞穴的古"山"字，代表水、地层、断层、褶皱构造的古"水"字和代表古生物遗迹的恐龙等组成，既表现了主要地质遗迹（地质景观）类型的特征，又体现了博大精深的中华文化，是一个简洁醒目、寓意深刻、具有中国文化特色的徽标。

图6.1　中国国家地质公园徽标

二、风情万种的地质公园

"纸上得来总觉浅，觉知此事要躬行。"一般地质公园以地质遗迹为核心内容，地质遗迹可以分为五类：（1）有重要观赏价值和重大科学研究价值的地质地貌景观；（2）有重要价值的地质剖面和构造行迹；（3）有重要价值的古生物化石及其遗产地；（4）有特殊价值的矿物、岩石及其典型产地；（5）有典型和特殊意义的地质灾害产物。可见，地质公园所包含的景观是以地质类地貌为核心，旨在向人们传递更多的地质学知识，地质公园的存在有助于地质学的研究和地学基础知识的普及。

中国的地质公园数量、种类都十分丰富。总的来说，中国的地质公园按地貌类型划分可以分为17类，见表6.1。

三、我国独具特色的地质公园

在这美妙的大自然之中，有形成于第四纪时期的众多的地质公园，你可知世界地质公园有多美：从东北"名山如画屏，珠带五湖清"的五大连池到西南素有"天下奇观"的石林地质公园，从塞上江南的海原地震遗址公园到漠北之北的克什克腾旗地质公园，穿梭在拥有独特自然风光的地质公园中，你会惊讶自然界的鬼斧神工，惊讶她造就的多姿多彩的世界，也会惊讶她毫不吝啬的奉献，地质公园被誉为"第四纪的花园"。从专业来说，地质公园是以具有特殊地质科学意义、稀有的自然属性、较高的美学观赏价值、具有一定规模和分布范围的地质遗迹景观为主体，并融合其他自然景观与人文景观而构成的一种独特的自然区域。

1. 长江三峡国家地质公园

长江三峡国家地质公园（图6.2）西起恩施市巴东县，东抵宜昌市伍家岗区，规划总面积2500平方千米，包括瞿塘峡、巫峡和西陵峡。公园内景色十分壮观，郦道元的《三峡》可谓是描写其景观的经典之作："自三峡七百里中，两

表6.1 中国地质公园分类表

序号	地质公园分类	数量	公园举例
1	流水地貌	7	长江三峡国家地质公园、山东东营黄河三角洲国家地质公园、黄河壶口瀑布国家地质公园
2	海蚀地貌	6	福建晋江深沪湾国家地质公园、香港世界地质公园
3	风蚀地貌	2	甘肃敦煌雅丹国家地质公园、内蒙古阿拉善沙漠世界地质公园
4	冰川地貌	17	江西庐山世界地质公园、四川海螺沟国家地质公园、四川九寨沟国家地质公园、克什克腾世界地质公园、昆仑山世界地质公园、大理苍山世界地质公园
5	火山地貌	34	黑龙江五大连池世界地质公园、浙江临海国家地质公园、雁荡山世界地质公园、雷琼世界地质公园、镜泊湖世界地质公园、福建宁德世界地质公园
6	喀斯特地貌	44	云南石林国家地质公园、房山世界地质公园、四川黄龙国家地质公园、中国兴文世界地质公园、广西乐业凤山世界地质公园
7	砂岩地貌	31	湖南张家界砂岩峰林国家地质公园、河北赞皇嶂石岩国家地质公园、广东丹霞山世界地质公园
8	花岗岩峰林地貌	20	安徽黄山世界地质公园、黑龙江伊春花岗岩石林国家地质公园、河南嵖岈山国家地质公园、伏牛山世界地质公园、安徽天柱山世界地质公园、江西三清山世界地质公园
9	地层剖面地貌	5	浙江常山国家地质公园、天津蓟县国家地质公园、陕西洛川黄土国家地质公园
10	古生物化石地貌	29	云南澄江动物化石群国家地质公园、四川自贡恐龙国家地质公园、甘肃刘家峡恐龙国家地质公园、北京延庆硅化木世界地质公园
11	构造地质地貌	7	四川龙门山构造地质国家地质公园、中国嵩山世界地质公园、湖北神农架世界地质公园
12	峡谷地貌	19	河南云台山世界地质公园、河北涞源白石山国家地质公园、河北阜平天生桥国家地质公园、济源王屋山眉黛山世界地质公园
13	地质灾害遗迹地貌	4	陕西翠华山山崩地质灾害国家地质公园、西藏易贡国家地质公园、重庆黔江小南海国家地质公园
14	侵蚀地貌	1	山东泰山世界地质公园
15	湖泊地貌	3	青海湖国家地质公园、兴凯湖国家地质公园
16	黄土地貌	4	老牛湾国家地质公园、郑州黄河国家地质公园
17	地热温泉	4	咸宁九宫山温泉地质公园、清流温泉地质公园、恩平地热国家地质公园

图6.2　长江三峡国家地质公园

岸连山，略无阙处。重岩叠嶂，隐天蔽日。自非亭午夜分，不见曦月。至于夏水襄陵，沿溯阻绝。或王命急宣，有时朝发白帝，暮到江陵，其间千二百里，虽乘奔御风，不以疾也。春冬之时，则素湍绿潭，回清倒影。绝巘多生怪柏，悬泉瀑布，飞漱其间。清荣峻茂，良多趣味。每至晴初霜旦，林寒涧肃，常有高猿长啸，属引凄异，空谷传响，哀转久绝。"

　　作者从四个季节描写了三峡的山美水丽，还写出了三峡的险峻和水流的湍急。长江三峡是伟大河流——长江的产物，主要是流水作用而形成的，当然也有构造运动、风力侵蚀、地下水、岩溶作用的功劳。长江三峡两岸的陡峭崖壁就是水力的不断侵蚀以及后期的风力侵蚀造成的，而边滩就是河流的堆积作用而形成的，峡谷中的千奇百怪洞穴是地下水和岩溶作用的产物。

　　长江三峡国家地质公园，既有中国南方32亿年前形成的最古老的变质岩基底，又有记录自晚太古宙以来地壳和古地理演化历史完整的地层剖面和所发育的各门类化石以及重大构造地质事件和海平面升降事件所留下的记录，具有很高的科学研究价值。长江三峡还是著名大溪文化的发源地，可谓是中华文明史中的瑰宝。另外，随着长江三峡水电站的建立及各种后续问题的出现，学者对三峡地层形成与构造运动的研究将会越来越深入。总之，长江三峡地质公园是一个不仅具有观赏价值还有科学研究价值的地方，游客在这里能得到视觉上的享受和心灵上的涤荡，如果说不到长城非好汉的话，那么不到长江三峡将会是人生的遗憾吧！

2. 河南云台山世界地质公园

河南云台山世界地质公园（图6.3）位于太行山南麓，河南省焦作市北部，园区面积约为556平方千米，中心景区面积为323平方千米。公园由云台山、神农山、青天河、青龙峡和峰林峡五个园区组成，是一座以裂谷构造、水动力作用和地质地貌景观为主，以自然生态和人为景观为辅，集科学价值和美学价值于一身的综合性地质公园。

图6.3 河南云台山世界地质公园

云台山地质公园以碳酸岩地貌为主，但与我国其他地区的碳酸岩地貌(如广西喀斯特地貌景观等)有明显的区别，形成了独特"云台地貌"。云台山有满山覆盖的原始森林、深邃幽静的沟谷溪潭和千姿百态的飞瀑流泉。这里云气缭绕，是道教重玄派妙真道士仙居之福地洞天，同时也是汉献帝的避暑台和"竹林七贤"的隐居之地。唐代大诗人王维曾在茱萸台上写出"每逢佳节倍思亲"的千古绝唱，众多名人的碑刻、铭记、文物形成了云台山丰富深蕴的文化内涵。2007年，云台山与著名的美国大峡谷国家公园成功缔结为姐妹公园。

3. 福建晋江深沪湾国家地质公园

福建晋江深沪湾国家地质公园（图6.4）位于福建省晋江市的东南海滨，面积约34平方千米。晋江深沪湾国家地质公园集海湾、岬角、湖为一体，以距今0.8万—0.7万年前的海底古森林和距今2.5万～1.5万年前的古牡蛎礁遗迹共生为特色，呈现了一个独一无二的海岸地质公园。

图6.4 福建晋江深沪湾国家地质公园

晋江深沪湾国家地质公园地处福建东南沿海的长乐—南澳中生代大型韧性剪切带内，以其独特的地理位置优势完整保存并展示了古生代、中生代、新生代地质时期所发生的构造运动和变质作用；它所拥有的海底古森林是我国唯一一个保持原始直立状态并且保存十分完整的古森林；古牡蛎礁遗迹种类繁多、数量丰富、保存完整，是特别珍贵的牡蛎礁遗迹；引人入胜的海湾、叹为观止的岬角、闪闪发光的海滩、波光粼粼的湖面蕴藏着大量的海水运动和气候变化信息。另外，晋江深沪湾国家地质公园还拥有具有民族特色的人文景观，比如平定台湾维护祖国统一的大将军施琅纪念馆、向神灵祈祷以求风调雨顺的镇海宫等。福建晋江深沪湾国家地质公园成为学者研究海平面变化、海洋地貌、古环境变化、构造与变质作用的理想场所。

4. 陕西翠华山国家地质公园

陕西翠华山国家地质公园（图6.5）位于陕西省西安市长安县，总面积32平方千米，主要地质遗迹类型为山崩地质遗迹。翠华山属秦岭山脉，由中元古界（距今1.0亿年前）变质杂岩组成，秦岭北麓大断层从北侧通过。目前该断层仍在活动，其北侧相对下降形成关中平原，南侧抬升形成高高耸立的秦岭。翠华山山体的岩石质坚性脆，地处地震带，再加上强烈的断裂活动和多暴雨的气候条件，容易引起山体崩落。山崩地质作用形成了一系列山崩地质景观，其山崩地貌类型之全、保存之完整典型，为国内罕见，堪称山崩地质博物馆。这对研究秦岭和关中平原形成历史和山崩地质作用有重大的科学价值。

图6.5 陕西翠华山国家地质公园

【知识延伸】

　　山崩就是山坡上的岩石、土壤快速、瞬间滑落的现象，属于一种地质灾害。山坡愈陡，土石就愈容易下滑，山崩就愈容易发生。发生山崩最主要的原因是山坡上的岩石或土壤吸收了大量的水（比如由于暴雨或者融雪），导致岩石或土壤内部的摩擦力降低，土壤或岩石丧失其稳固性开始下滑。另外，地震、其他地壳运动，风和霜冻造成的风化，由于垦荒和强烈的采矿造成的土壤和植被的破坏也会诱发山崩。总的来说，山崩发生的可能性由以下因素决定：地表的吸水性和透水性，山坡的坡度，是否有加固土壤稳定性的植被，是否有易滑动（比如黏土）的土壤或岩石层。山崩后形成的地貌景观十分丰富，如山崩悬崖景观、山崩石海景观、山崩地堆砌洞穴景观、山崩堰塞湖景观、山崩瀑流景观及山崩形成的各种造型奇石景观等。

5. 黑龙江五大连池世界地质公园

黑龙江省北部城市黑河市南部的黑土地上，有一个以旅游观光、保健康体、生态科考而闻名遐迩的风景名胜区——五大连池世界地质公园（图6.6），总面积为1060平方千米。

五大连池是中国境内保存最完整、最典型、时代最新的火山群。园区内有规律地分布着14座火山，其中12座形成于距今1200万～100万年的地质时期，2座火山喷发于1719—1721年，是中国最新的火山。老期火山与新期火山相间排列，规模较大的圆台形火山与规模较小的岩渣堆、盾火山相依偎，圆盆状火山口、圆椅状火山口、漏斗状火山口、破裂状火山口、复合状火山口应有尽有，新期火山喷发形成的翻花熔岩、结壳熔岩交替出现，数量众多、规模宏大、保存完好的喷气锥、喷气碟世界罕见。最新的火山喷发堵塞了当年的河道，形成了五个串珠状相连、倒映山色的火山堰塞湖泊——五大连池，享有

图6.6　黑龙江五大连池世界地质公园

"天然的火山博物馆"的美誉。五大连池位于东亚大陆裂谷系的轴部，它的形成很可能是在裂谷作用下的地幔柱上隆产生的。因此，五大连池火山岩对探讨地球板块活动和岩浆演化都有重要科学意义，同时对检测当地火山地震活动也非常重要。

6. 河南嵩山世界地质公园

河南嵩山世界地质公园（图6.7）位于河南省西部的登封市，面积约450平方千米。嵩山以其独特的魅力位居"五岳"之中岳，自然风景以山、水、植物为主。一座座山紧密相连、此起彼伏，置身此山穿越曲曲折折的山路，让人有种"山穷水复疑无路，柳暗花明又一村"的感觉。嵩山地质公园的植物种类很多，也有很多药材，比如薄荷、银线草等，是我国国家级森林公园。嵩山地质公园独特的魅力在于嵩山岩石发育完整，有一套完整的地层，即太古宙、元古宙、古生代、中生代、新生代的地层，被地质学界称为"五世同堂"。

图6.7 河南嵩山世界地质公园

近年来，嵩山世界地质公园已经建立了17个地质遗迹观测点，划分了10个地质构造景观区，沿途设置了200多块中英文对照的地层构造说明牌。显然，嵩山是一个集地质剖面研究、植物研究与保护、人文景观与自然景观欣赏为一体的宝地，预示着嵩山世界地质公园的科研与旅游将迎来高峰。

7. 云南石林国家地质公园

云南石林国家地质公园（图6.8）位于云南省昆明市石林彝族自治县境内，占地面积约400平方千米，是我国旅游胜地之一。高大挺拔的石头有的呈锥状、有的呈柱状、有的呈塔状，各式各样的石头耸立在一起，远望如森林，长期以来，人们就把这些如森林般的石头叫作"石林"。这些地貌景观在云南石林地质公园中十分常见，因此云南石林地质公园是集奇石、瀑布、湖泊、溶洞、峰丛和丘陵于一身的难得之地，有"天下第一奇观""石林博物馆"之美誉。

图6.8　云南石林国家地质公园

【知识延伸】

石林是喀斯特地貌的一种类型。以地表为界，喀斯特地貌可以分为地上景观和地下景观，地上景观通常有峰林、峰丛、溶蚀洼地、溶蚀平原、孤峰、落水洞，地下景观通常有溶洞、钟乳石、石笋、石柱。峰丛——在喀斯特地貌区，一系列的山峰相连，而形成的此起彼伏的地形。峰林——峰丛进一步演化而形成的，一般呈锥状、塔状、圆柱状等尖锐形态。溶蚀洼地——在地表水的侵蚀下，形成的形如近圆形或椭圆形的洼地，常与峰丛共生。溶蚀平原——是喀斯特地貌发育晚期的产物，面积比溶蚀洼地大，其上一般发育河漫滩和阶地。孤峰——是由峰丛发育而来，一般位于溶蚀平原和溶蚀盆地上。落水洞——地表水流入地下的进口，表面形态与漏斗相似，窄而深，是地表及地下喀斯特地貌的过渡类型。

8. 香港世界地质公园

香港有一个世界级的国家地质公园，拥有许多地质奇观，2008年才正式对外开放，一年后，便成功升级为中国国家地质公园，2011年被批准为世界地质公园。香港世界地质公园（图6.9）坐落于新界东部及东北部一带，面积约49.85平方千米。香港世界地质公园的格局是"一座公园，二个园区，八个景区"。二个园区即新界东北沉积岩园区和西贡火山岩园区两个部分。八个景区是指西贡火山岩园区，包括粮船湾、瓮缸群岛、果洲群岛和桥咀洲四个景区；新界东北沉积岩园区包含赤门、东平洲、印洲塘和黄竹角咀—赤洲四个景区。

新界东北沉积岩园区里的地质状况有异于香港大部分地区，主要为粉砂岩、白云质粉砂岩、泥岩及燧石等沉积岩层，地层蕴含大量保存完好的化石。沉积岩园区历来深受游客喜爱，千奇百怪的海蚀地貌、千层糕状的页岩以及园区的外形吸引着众多游客前来游览。西贡火山岩园区发育有世界上极为罕见的大规模酸性火山岩柱。而万宜水库一带是热门的观石胜地，也是香港最奇特景观的所在之处。这些奇特的火山岩整齐有致地竖立在水滨，巨大的石柱由不同的多角形节理组成，其中以六角形节理岩柱最为典型，这些岩柱条条向上直立着，坚硬无比。在阳光的照射下，这一片高达几十米、浅红黄色的岩石陡崖，其巨大的六角形节理岩柱的弯曲细节一览无余，石柱的剖面呈"S"形，据说，它们的历史可追溯到1.4亿年前，当时的西贡地区有一座巨大的活火山，不时地猛烈喷发，炽热的熔岩伴随着火山灰喷涌出来，逐渐覆盖地表，形成火山熔岩层。熔岩层在冷却的过程中，在表面形成六角形裂缝，熔岩物质沿裂缝向下垂直收缩，最后形成了六角形柱状形态。熔岩在逐渐冷却凝固的过程中，由于重力下压造成弯曲，从而出现了这样"S"形的独特形态。这些地质奇观称得上是火山岩柱形成过程的活标本。园内六方柱分布范围非常大，平均直径1.2米，有的直径甚至超过3米，有地方的六方柱高度甚至超过100米，十分壮观。

图6.9　香港世界地质公园

香港世界地质公园不仅因地利成为中国地质公园面向世界的一个窗口，而且得风气之先，后来居上，带给中国内地的地质公园许多值得思考和借鉴的东西。

（1）明明白白的解说牌

地质公园与其他公园不同，其专业性强，如果没有介绍，多数游客无法理解其中的奥妙和价值，而宣传册和指示牌通常都太专业，让人看不明白。香港世界地质公园的指示牌、告示板上，用中英两种文字来介绍，介绍文字简单、明白、通俗，每一条都不超过100字，花了很多心思。万宜水库东坝的纪念碑旁边的说明牌上，有个生动可爱的卡通小人，配上一串轻松有趣的语音，加上形象的图片，介绍六方柱形成的过程。

（2）重视科普教育

香港世界地质公园在进行地质科学知识普及出版物策划时，早期将科普对象由高到低分为5个层次，后又调整为以普通民众为主要科普对象的2～3个级别，并确定所有出版物必须符合通俗易懂、讲解科学知识深入浅出的原则。这类读物现在已经出版了10余种，深受读者欢迎和好评。公园通过多种途径建立了以普及地质知识、了解香港地质历史为主要内容的地质教育中心，包括西贡狮子会、荔枝窝、吉澳和大埔等地质教育中心。难能可贵的是其中部分教育中心是在地质公园管理部门指导下，由当地居民自发建立并自行运作的，可见科普教育已深入人心。

该公园还把地质知识普及工作延伸到了繁华的市中心。在科普教育的形式上，也别具一格，如定期举办地质公园和地质知识讲座，采用网上报名、预约参加的形式，组织有序。在狮子会地质学习园地，专门辟有岩石课堂，游人可以在老师的讲解和指导下，进行岩石标本和古生物化石的辨认，并可动手进行古生物化石模型的制作，从而加深对地质科学的了解。

（3）积极创新

利用多种创新形式，扩大地质知识的普及范围，提高知识普及的效果。设计开发了以典型地质遗迹为模型的纪念品、徽标等；进行地质公园旅游饭店的资格认证，推出具有地质遗迹意义的地点，并辅以科学的解说；进行地质公园旅馆的设计和认证，使之除了具备旅馆的一般功能外，还大量采用了地质遗迹的元素进行设计。此外，还与海外公司联合，设计开发了具有多种语言解说功能且便于携带的导游解说系统，大大提高了导游的科学化和游客的兴趣。

9. 北京延庆硅化木地质公园

硅化木形成于距今约1.5亿年前的晚侏罗纪时代。那时，有一片茂盛的原始森林，后来由于河流的发育，树干在原地被周期性大洪水所携带的沉积物质迅速掩埋压实，地下水中所含的二氧化硅开始缓慢地替换树木原有的木质成分，保留了树木的形态和内部结构，经过石化作用，在地下深处形成了硅化木（图6.10）。之后的构造运动，该地区以垂直抬升为主，使得这种地质景观呈现在人们面前。

穿梭在北京延庆硅化木国家地质公园和四川射洪硅化木地质公园

图6.10　硅化木

里，感受亿年地质奇观，在这里，石头唱起了歌谣，诉说着千万年甚至上亿年的故事，展示世界的变迁。在硅化木地质公园里，以距今1.8亿～1.4亿年间形成的侏罗纪硅化木为特征，具有很高的科研和观赏价值。

10. 冰川地质公园

冰川遗迹因具有重要的美学价值和科研价值，已成为国家公园、世界遗产和地质公园所关注的对象。目前，全世界已经确立了多个以冰川遗迹为特征的各种公园和遗产地。如美国约塞米蒂国家公园就是一处冰蚀花岗岩公园，现已被列入世界文化遗产。沃特顿—冰川和平公园属于加拿大和美国，以其独特的冰川遗迹被列入世界遗产地。还有1981年被列入世界遗产目录的阿根廷的罗斯·格拉希亚雷斯冰川国家地质公园，总面积达4459平方千米，成为南极洲和格陵兰现代大冰川之外的世界第三大冰川，属于世界上最大的现代冰川之一。

我国广东省潮州市的绿岛冰川地质公园，完整地记录了冰雪积累、冰川形成、冰川运动、侵蚀山体、搬运岩石和沉积的全过程。绿岛拥有独特的地质特征，有着神奇变幻的自然风光和优秀的历史文化气息，其自然地质地貌涵盖了火山剖面、典型花岗岩地貌、化石及冰臼奇观等多种无可复制的自然奇观。它是由大地构造运动、冰川侵蚀、流水作用三种地质作用形成的复杂地貌景观，它与多种多样的动植物一起构成了一幅雄伟、奇特、险峻、秀美的绚丽画卷，充分体现了地学与美学价值。

近年来，随着全球范围内地质公园的建设，越来越多的冰川地质遗迹通过不同级别的地质公园得以保护。例如，我国的安徽黄山、江西庐山、内蒙古克什克腾世界地质公园，以及德国麦克兰堡冰川地质地貌公园和希腊普西罗芮特世界地质公园内均有显著的冰川地貌发育。在我国内蒙古克什克腾世界地质公园里，发现了200万年前的冰川遗迹，成吉思汗的人文魅力也融入其中。德国麦克兰堡冰川地质地貌公园以珍奇秀丽及独特的地质景观著称，集自然景观和人文景观于一身。国家公园中，以冰川遗迹为主题的公园就更多，仅在美国就有13个。

中国四川的海螺沟国家地质公园（图6.11）是一个以现代冰川为主题的地质遗迹保护区，公园内的贡嘎山海拔7556米，是青藏高原东部的最高峰，其主峰就是一个典型的冰川角峰。海螺沟地质公园内的一号冰川，是贡嘎山地区71条冰川中最长、最大、最雄伟壮丽的一条。大冰瀑布是该冰川的最壮观部分，该瀑布从粒雪盆直跌1080米，宽1100米，是全球可观赏的最大冰瀑布之一。冰

图6.11　海螺沟国家地质公园

川的末端已经插入到海拔2000多米的森林地带。在冰舌末端可见到冰下河冲蚀成的冰洞，洞中寒气逼人，各种冰体千奇百怪、玲珑剔透，是观察冰川内部结构的最佳之处。

在我国江西庐山世界地质公园内，很容易见到多种冰蚀地貌遗迹。公园内分布着大月山角峰、犁头尖角峰、大坳冰斗、庐林冰窑、含鄱岭刀脊、大校场U谷、东谷U谷、西谷U谷、王家坡U谷、莲谷悬谷等大量冰蚀地貌。在一些冰川U谷中还保留有冰川漂砾、冰川侧碛和终碛堤，在山下则见有高垄、观音桥、金锭山、大排岭、羊角岭等地的古冰川沉积物。

11. 泰山世界地质公园

"岱宗夫如何，齐鲁青未了。造化钟神秀，阴阳割昏晓。荡胸生层云，决眦入归鸟。会当凌绝顶，一览众山小。"这首耳熟能详的诗词描述的是泰山雄伟壮丽的风景。自古以来，中国人就崇拜泰山，有"泰山安，四海皆安"的说法。在汉族传统文化中，泰山一直有"五岳独尊"的美誉。

泰山位于华北大平原东侧的山东省中部,拔起于山东丘陵之上,属于暖温带半湿润季风气候,水热资源丰富,是世界自然文化双遗产、世界地质公园。自从盘古开天地,三皇五帝到如今,泰山这座"中华民族的精神家园"就一直雄立于中国东方。泰山巍峨高大、拔地通天,不但是世界上难得一见的自然人文景观,更成为了人们的一种精神寄托。西汉史学家司马迁说过:"人固有一死,或重于泰山,或轻于鸿毛。"20世纪40年代,毛泽东主席也曾说:"为人民的利益而死,就比泰山还重。"泰山精神成为中华民族精神的重要依据,泰山1982年被列入国家重点风景名胜区,1987年被联合国教科文组织世界遗产委员会正式列入世界自然文化遗产目录,成为全人类的珍贵遗产。

泰山地质公园面积为15866平方千米,地处我国东部大陆边缘构造活动带的西部,位于华北地台鲁西地块鲁中隆断区内,是华北地台的一个次级构造单元。泰山拥有丰富的地质遗迹资源,对于岩石学、地层学与古生物学、沉积学、构造学、地貌学以及地球历史等地质科学具有重要的科学研究价值。泰山岩群是华北地区最古老的地层,记录了自太古代以来近30亿年漫长而复杂的演化历史,是探索地球早期历史奥秘的天然实验室。泰山地质公园博物馆设2厅7室,分别是名人与泰山、地质基础知识、5个园区介绍、历史文化、动植物展示、影视厅和科普走廊,展示了60余块地质标本,25件动植物标本。

泰山名胜唐摩崖(图6.12),刻于唐开元十四年(726年)九月,为唐玄宗李隆基封禅泰山后所制。铭文刻于岱顶大观峰崖壁上。摩崖高1320厘米,宽530厘米。现存铭文1008字(包括标题"纪泰山铭"和"御制御书"),字径25厘米,隶书。额高395厘米,题"纪泰山铭",2行4字,字径56厘米,隶书。铭文为玄宗李隆基撰书,相传由"燕许"修其辞,韩史润其笔。形制壮观,文辞雅驯,为汉以来碑碣之最。其书法道劲婉润,端严浑厚,为隶书造成一种新面目,透露出一片太平盛世的景象。

图6.12　泰山唐摩崖

【知识延伸】

　　在大江南北的农村，大凡阳宅冲处，或正对巷口、桥梁的地方，常立有石碑一块，上刻"石敢当"三字，意为可以降恶避邪，禁压不祥。泰山周围修建民房，则多将刻有"泰山石敢当"的石碣建于后墙正中，此民俗一直沿用至今。不过，现在阳宅冲处的石碑，已被一截短墙所代替，并在上面题诗作画，称之为"迎宾墙"。这石敢当的传说就起源于泰山。

　　相传，石敢当是后晋泰山石家林人，姓石名敢当，家境贫寒，靠打柴为生。石敢当自幼喜欢舞枪弄棒，练得一手好枪法。这年六月，飘泼大雨一连下了三天，把汶河灌得八方横溢，洪水泛滥，河水冲上岸来，连人带畜，卷走了整个村庄，只有石敢当一人附在一颗大树上，才免于一死。此后，石敢当便不得不寄居在岱岳镇姥姥家。石敢当生就一身硬骨，射技高超，可谓百步穿杨。石敢当凭着一身本领，一腔的豪气，常常为百姓打抱不平，除暴安良，凡人们路遇坏人，只要说石敢当来了，坏人便像老鼠听到了猫叫，闻风丧胆，夺路而逃。石敢当这个名字，也就在泰山附近流传开了。人们钦佩他见义勇为和他的胆识武艺，便把石敢当尊称为"石敢当"。

每天，从天南地北来求救的络绎不绝，石敢当应接不暇，便请石匠在石上刻上"泰山石敢当"字样，交给求救的人。刚开始，人们还不信这石头能避邪，等回家立在大门里边，果然妖精见立有此碑，便不再进前。于是石敢当的碑碣便在民间广为流传。

此外，还有一些古生物类地质公园，从内蒙古宁城到广西来宾，从云南鹿峰到山西榆社，全国各地散布着以古生物遗迹为主要保护对象的古生物地质公园。在千变万化的自然景观中，我们用想象还原出美妙生动的古代繁荣景象，比如在生物化石中看到恐龙在咆哮，马在奔腾，各色动物在嬉戏……由于古生物化石的特殊性和稀有性，使其保护具有特殊意义。

第二节 保护与"钱景"

一、地质公园具有强大的生命力

地质公园的游览是中国旅游业兴起30多年来一种新型旅游方式，它把科普教育、科学研究同旅游观光、休闲娱乐完美地结合在一起，提高了我国旅游业的科学含量，树立了科学旅游新典范，为我国旅游业发展开辟了新的模式。截止到2017年9月，国土资源部已批准建立国家地质公园206处，种类繁多，特色突出，涵盖了岩溶、海岸、峡谷等地貌景观，具有无限的吸引力。随着生活水平的提高，人们的精神追求越来越高，单纯的旅游方式已经满足不了游客的需求，这个时候，地质公园就彰显出了自己的魅力和无比强大的生命力，其作用主要体现在以下几个方面。

1. 保护地质遗迹

地质公园的建立是保护地质遗迹的有效方式，它可以广泛动员地方的社会力量，对当地的地质遗迹进行分类、评价、规划，在保护地质遗迹的基础上进行开发。把建立地质公园与当地的经济发展结合起来，通过建立地质公园带动旅游业的发展，带动相关产业的发展，使地质遗迹资源成为地方经济发展新的增长点。地方的经济得到了发展，人民的生活水平有了提高，才会更加关注地质遗迹，进而投入更多的人力、物力去保护地质遗迹，从而达到保护地质遗迹的目的。

2. 提高旅游质量，促进经济和旅游业发展

传统的旅游就是休闲娱乐、观光游览，在整个旅游过程中体会到的是旅游景观的美学价值，还有当地的风俗民情和美食。地质遗迹资源是地质旅游资源的重要组成部分，而地质旅游资源又是自然旅游景观的主体，它在旅游业中存在着很大的价值。因此，开发利用地质遗迹资源，开辟地质旅游是提高旅游质量的一种有效途径。

当地经济和旅游业的发展兴旺时，一些相关产业也应运而生，比如餐饮、

住宿等服务行业。同时，根据地质遗迹的特点，生产特色商品、营造特色文化、打造特色服务、促进特色产业发展。另外，也可以改变传统的生产方式和资源利用方式，有助于地方经济模式的调整和产业结构的优化。以河南云台山世界地质公园为例，据统计显示，1999年旅游门票收入357万元，旅游综合收入占全市GDP不足1%，旅游从业总人数只有3000人左右，2006年门票收入达到2.65亿元，旅游综合收入73.97亿元，占全市GDP超过10%，成为焦作市国民经济名副其实的支柱产业，有效带动了餐饮、交通、文化娱乐等相关行业的发展，为当地居民就业提供了大量新的岗位。同时也促进了公共交通、基础设施等的发展，改善了当地居民的生活环境和质量，吸引了海内外企业的投资热情，进一步推动了地方经济的发展。经济的发展也使当地居民认识到地质遗产资源保护的重要性，自觉行动起来保护地质遗迹，实现了国家地质公园发展和保护的良性循环。

3. 更好地利用地质资源

地质遗迹是在地球长期演化过程中形成的，具有特殊的科学意义，稀有的自然属性，优雅的美学观赏价值，具有一定规模和分布范围的地质景观，是一种不可再生的自然资源。地质公园是以地质遗迹景观为主体，并融合其他自然景观与人文景观，构成一种独特的自然区域，很好地突出了地质遗迹的特色，是对地质遗迹资源的一种合理开发和利用，是实现地质资源价值的有效途径。

4. 有利于社会精神文明建设

建立地质公园是崇尚科学和破除迷信的重要举措。在地质公园建立之前，很多自然景观形成的解说基本上是"神话起源"性质的解说。长期以来游客基本上认为这些景观是神赐予的礼物，是如此的神秘不可亲近，充满了敬畏之情。地质公园建立以后，公园里建立了新的解说系统，树立了很多具有科学意义的标识牌，既有对自然景观的人文解释，又有地质科学的解释，从而使地质公园既有趣味性，更有科学性，同时也为普及地学知识、宣传唯物主义世界观、反对封建迷信做出了贡献，有力地促进了社会精神文明建设。

5. 推进科学研究和科学知识的普及

我国的地质公园种类多样、数量丰富、涵盖面广，对于整个社会来说这是一笔很大的财富。对于那些有专业素养的学者，地质公园是进行科学探索和科学研究的基地。对于广大的民众，它是普及地质科学知识、进行科学教育的自然大课堂。

6. 促使地质工作更好地服务社会经济

改革地质工作管理体制，转变观念，扩大服务领域，开辟地质市场是广大地质学者刻不容缓的任务。那么，国家地质公园建设计划的推出，为地质工作者完成任务提供了机遇。建立地质公园所需要的有关地质资源的调查、评价和规划、地质旅游路线设计、导游资料编写、地质博物馆展览资料的制作等工作应该由具有地质专业知识的地质队伍来完成，这使地质工作与国民经济和社会发展更加紧密地联系在了一起，拓宽了地质工作内容，开拓了服务领域，是地质工作服务社会的很好体现。

二、我国地质公园科普中存在的问题

2000年起，中国国土资源部开始主持建设中国的地质公园，贯彻国务院关于保护地质遗迹的任务，据此，我国的地质公园不仅仅是具有较高品位的观光游览、度假休闲、文化娱乐的场所，更是地质科学研究与普及的基地。

为指导我国国家地质公园的建设，国土资源部规定，国家地质公园涉及科普工作的相关建设包括：地质公园博物馆的建立和陈列内容的布展，主要地质景点标示牌的设立，导游员的科学培训，相关科学普及材料的编制和印刷，所有规定的基础建设按照标准完成后，由国土资源部和公园所在地的省级国土资源管理部门组织检查，达标并经批准后方可举行揭碑开园仪式。

但是，揭碑开园后的开发过程中，许多国家地质公园的管理者把工作重点放在了发展旅游业方面，重视商业化旅游带来的经济效益，忽视甚至放弃地质公园的科普教育功能。因此，许多地质公园在科普教育工作中存在如下的问题：

1. 科普教育不能满足游客的需求

目前地质公园的科普教育系统功能发挥具有高度的单一性，表现为重服务功能，轻教育功能，多数导游只注重神话故事、历史传说的解说，忽视科学知识的解说，而事实上来地质公园的大多数游客都希望能通过旅游获取愉悦，同时增长自己的科普知识。

部分地质公园申请者在批准之前信誓旦旦地表示将会把地质公园的收入，拿出一部分作为科学研究的费用，可是地质公园一旦建立之后，就只看重经济的发展，把科学研究抛在脑后。另外，地质公园内科普读物太少。可以把地质遗迹的形成原因、特点，该地质时期的特点以及地质专业名词配上典型例子和图片编撰成册，发放到每位游客的手中。这样即使他们回家后也能学习地质知识，实现地质公园建立的科普教育目的。

例如：某地质公园网站上的导游词，通篇5500字，有关地学科普知识的文字只有100多字，过多的内容用来讲述未经考证的神话传说故事。这种解说词，对少数游客或许有一定的趣味性和吸引力，但不能满足游客的求知欲望，甚至可能使不少游客产生厌恶心理。因此，应当增加解说系统和导游词的科学含量。当然，并不是说神话传说故事不能讲，一些具有重大历史文化意义、在当地广为流传、影响深远并具有地方特色的神话传说故事还是应该继承和发扬的，不过要少而精，不能过多过滥。

2. 驻点导游科普素质不高

导游解说服务是地质公园科普教育系统的核心部分。在地质公园，游客在对地质遗迹景观获得感性认识的基础上，希望上升到理性阶段的认识，往往会对有关地质遗迹景观的特点、成因、演变、保护等科学内容提出这样那样的问题，要求导游传递。此时，导游应能满足游客的要求，让他们在愉快的游览体验中获得有关地球历史和地质作用的知识，从而实现地质公园科普教育的目的。因此，导游自身专业知识的提高是至关重要的，这也是地质公园导游与其他景区导游的重要区别之一。但是由于现阶段我国导游人员的固定工资水平较低甚至无薪，很多导游自身的学历比较低，很多都来自中专，甚至高中毕业，另外90%的导游都是非地学专业，对地学知识了解很少，对于游客提出的问题不能进行科学解释，这使科普教育面临着很大的困境。

例如：对一处国家地质公园的驻点导游进行问卷调查，其中的文化水平调查中显示，驻点导游的受教育程度都在本科或大专以下，其中初中学历占30.8%，高中、职高或中专学历占58.4%，而大专或本科只占10.8%。当被问及什么是地学科普旅游时，回答知道的占11.5%，知道一点的占46.2%，回答听说过但不知道的占30.7%，根本没听说过的占7.7%，另有3.9%的导游未填此项。花岗岩地质地貌是此公园的最大的特色，当问及导游对花岗岩地质地貌了解多少时，42.3%的导游回答知道，50.0%的回答知道一点，7.7%的则不知道。当问及"有游客提出希望了解花岗岩地质地貌知识时，您能满足他们的要求吗？"，有26.9%的导游认为完全能够，53.8%的认为基本能够，19.3%的回答完全不能。从获得的数据来看，导游一方面对地学科普旅游了解不多，一方面又对地质公园的地质地貌知识比较清楚，到底事实是怎样的？调查者在问卷调查后与导游进行交谈，发现有相当一部分导游自认为了解地质地貌知识，实际上大部分认识是肤浅的甚至是错误的。

3. 地质遗迹点解说牌示不够完善

解说标识牌是解说系统中最基本、应用最广泛的一类要素。就地质公园的建设而言，解说牌示可归为以下四类，即交通引导牌示、景物解说牌示、警戒忠告牌示和服务导引牌示。首先，当前地质公园解说系统的解说标识牌在选材、样式、颜色、内容等方面存在诸多与景区生态环境保护相悖的因素。其次，我国多数地质公园解说标牌的多语种解说薄弱，外语语法和用词不当现象较为普遍。再次，交通标识路线混乱，不够醒目，图形应用不符合规范。最后，警戒忠告牌示存在用语强硬，容易造成旅游者心理上的不适等问题。这些问题在很大程度上影响了旅游者的体验质量，不利于地质公园的景区保护与教育功能的开展。地质遗迹解说牌数量少，解说力度不足。

例如，有些国家地质公园中地质遗迹点的介绍牌示不够完善，数量较少且解说力度不足，与游客的需求还有一定的距离。大量游客在不聘请导游解说的情况下，很难看懂，更谈不上理解与之有关的深奥的地质地貌知识，因此无法深度了解地质遗迹景观的真正魅力，无法理解和欣赏它们的美妙和震撼。

4. 旅游产品开发不具地质特色

很多的地质公园开发者在进行地质公园设计和开发过程中经常忽略科学研究这一重要价值以及地质公园本身的科普作用。地质公园当中的科普旅游线路的设计应该以具有科研价值和观赏价值的地质遗迹、地质博物馆为核心，来向游客展示园区的地质特色。尤其是我国世界地质公园一般面积都比较大，地质遗迹景点多，游人如果不加合理安排的话可能会错过经典的景点。但是，我国有的地质公园的旅游路线设计不合理、不完善，地质公园的科普活动形式单一，主要有开展科普讲座、发放科普宣传物、举办纪念"世界地球日"活动等。这些活动基本上所有地质公园都开展过，公众不能主动参与，只是被动地接受地学科普知识，影响了科普的效果。另外，地质公园的纪念品与其他风景名胜区的重复率较高，具有鲜明地质特色的纪念品比较少。

5. 地质展览馆科普功能不足

地质公园科普教育系统中的地质展览馆或地质博物馆是一个集科普性、趣味性和参与性为一体的地质地学科教基地，是各地质公园能否开园的重要条件之一，它通常位于地质公园入口处附近，是游客进入地质公园的第一站，其免费向公众游客开放。然而，目前我国的这类科普场馆主要是以静态的沙盘、展柜、展台及展板四种形式进行展出为主，陈列岩石或矿物的标本配上文字的解说，趣味性不足，游客也不能亲自触摸、参与，限制了博物馆功能的发挥，与地质科普旅游寓教于乐的特征不符，不能满足旅游者的互动体验需求。

例如：某恐龙化石地质公园的博物馆，只是向游人展示恐龙化石，并没有给游人展示恐龙的诞生到灭绝的动态过程，更没有说明恐龙逐步消失的原因，不能使游客身临其境地感受地学的魅力，影响了普及地学知识的效果。

三、保护与"钱景"的冲突

地质公园对一个地区的发展具有十分重要的作用。这个发展既包括经济的增长也包括精神文明建设的发展，并且与生态环境的协调发展相统一。然而在现实的地质公园开发过程中，开发者和一些当地政府只注重经济的发展，而忽略了对地质公园本身的保护。更有甚者，把经济发展建立在对地质遗迹的过度开发甚至是破坏的基础上。比如，某地质公园为了吸引更多的游客，利用丰富的生物资源做成极具特色的菜肴，在山上建设大量舒适的宾馆，长期以来，经济效益是获得了提高，但是生物资源遭到了很大破坏，另外生活污水排入温泉群，造成了水资源的污染。这种为了经济效益而忽略保护地质公园的例子不胜枚举。很多地方政府都认为要想利用地质公园获得经济效益，就必须要承受地质遗迹破坏之痛，因为在开发过程中必然会破坏地质公园里的地质遗迹或生态环境。这种想法是错误的，是万万不可取的。其实，建立地质公园的初衷是为了保护那些宝贵的不可再生的自然遗产，是为了进行科普教育，促进经济的发展是次要的目标。如果地质公园遭到破坏，只会使当地经济的发展陷入一个恶性循环当中。相反，如果能更加合理地开发地质公园、更加注重地质公园的保护，那么当地经济的效益则会越来越好。比如，香港世界地质公园，它的任何开发都以其本身的环境承载量为基础，以保护地质遗迹为出发点，不仅获得了很好的经济效益，也促进了公园的保护。因此，保护与开发是相辅相成的，二者是辩证统一体，而不是矛盾的对立方。

保护是开发的基础和前提，由于地质遗迹是一种不可再生的自然资源，一旦毁坏将不能修复，因此，必须切实保护好地质遗迹。但单纯的保护不是最终目的，保护是为了更好地利用地质遗迹，对地质遗迹的合理利用可以促进遗迹的保护，增强大众的环境意识，以达到资源的可持续利用，达到人们所期望的经济效益。我国一向重视可持续发展战略，因此，在旅游业发展中强调可持续发展的开发模式。在保护的前提下，完善管理系统和基础设施、健全管理体制和解说体系；转换思路，建立新的旅游项目、增设新的服务，会大大增加地质公园的吸引力，将会获得更大的经济效益。经济水平提高了，才会有更多的资金投入到地质公园的保护上，地质公园最终会得到进一步的发展。可见，要想获得更好的"钱景"就必须保护好珍贵的地质公园。

四、关于地质公园科普建设的几点建议

为有效解决地质公园在科普教育工作中存在的缺失，立足地质公园未来发展需要并借鉴香港世界地质公园的科普工作，应采取如下一些发展对策。

1. 提高管理者的科普意识

地质公园的主管部门应在制定的管理法规里强调地质公园管理者具有科普教育的义务，同时，通过派专家定期、不定期地检查，以监督地质公园管理者是否落实科普教育，督促他们加强科普教育意识，使他们重视科普教育。另外，地质公园管理者自己也应加强学习，了解游客特别是青少年游客对地学知识的需要，通过加强科普教育管理力度，满足游客需要，从而争取更多的回头客，尽更大的社会责任。

2. 提高导游从业素质

加强专业导游员的培训。首先，依靠专业学校进行培训。目前，我国开设导游专业的大专院校较多，这些专业的学生一般具有较高的素质，经过高校的专业学习，一般能成为我国旅游业中高素质的从业人员。但作为地质公园的专业导游，还需对他们进行地质学、地貌学、地理学、生态学、林学、环境学、气候学等方面的知识培训。导游只有具备了这些学科的理论知识，才能在导游活动中使地质公园旅游的知识性、教育性、专业性和高品位性得以体现，才能使旅游者真正享受地质公园的旅游意义。其次，经常性地进行短期培训。根据地质公园不少当地人参与导游，但又缺乏专业知识的特点，相关部门应经常组织他们进行短期学习，加强地质地貌专业素质的培养，如在太姥山国家地质公园就应特别加强有关太姥山花岗岩地质地貌的成因、形成、特点等内容的培训，帮助他们解决在导游过程中出现的一些问题，促使他们获得新知识和掌握新的导游手段。

3. 增加地质遗迹解说牌示，完善解说内容

地质遗迹景观和典型具有较大科学意义的地质遗迹是地质公园的精华所在，它们通常通过若干有代表性的地质点，如地层界线点、地质构造点、化石分布点、矿物集成点等来表现。如在国家地质公园的重要有代表性的地质遗迹点，设立中英文对照的介绍牌示。这些牌示内容须请地质专家进行专门地研究，编制出简明扼要、既科学又通俗的地质景点解说词，以便使一般游客通过这个牌示解说就能懂得地质遗迹的价值和资源的独特性。同时请具有较高外语水平又具有较高专业水准的专家，对地质遗迹解说牌示上的内容进行准确的翻译，让外国游客能理解其中的含义，维护地质公园形象。此外，还要优化美化地质遗迹标示牌的设计与建设，在对各种标示牌的载体和形态进行设计时，要依据以人为本、美观大方、和谐醒目的原则。

4. 规划动态解说过程

随着人们文化水平的提高和对景区信息了解的增多，个性化的旅游市场空间越来越大。地质公园推出以地学科普为主题的旅游项目，使地质公园旅游的内涵得到充实和提高，为了满足不同游客群体对于景区信息的需求，有必要将地质公园的解说规划视为一个动态过程，通过对其不断地评估与修止，使解说真正能够发挥引导游客加深科学认知，进而保护地质遗迹的作用。学生、离退休人员、当地居民均可以成为义务解说员，另外通过把当地对地质有兴趣的居民组织起来进行有关地质遗迹知识的培训，使他们增加对园区遗迹的了解和鉴赏力，自觉增强保护地质遗迹和宣传遗迹知识的意识，这会在很大程度上提高游客地质公园旅游的质量和增强游客对当地旅游形象的感知。根据游客需求差异编制不同主题的解说内容，认真规划设计的解说，能够增加游客知识、改变其态度、重塑其行为从而获得旅游的可持续发展，也能够提高游客的满意度，进而建立地质公园的良好形象。

5. 突出地质科普旅游特色

首先作为科普旅游重要载体的地质公园，其产品设计要体现其科学内涵，

突出其特色。公园内的住宿设施、餐饮设施、购物场所、娱乐场所、景区内交通工具等，其设计要能体现地质科普旅游特色，蕴涵地学文化，创造出浓郁的地质科普旅游氛围，让旅游者处处感受到生动活泼的地学科普环境。如泰宁世界地质公园，其博物苑、科普展示厅和室外雕塑、小品景观、矿石小品等，不但形式活泼，其外观设计、所用材质、艺术风格等，都充分体现了该公园的地质特色，营造了浓郁的科普环境。

6. 加强地质展览馆的建设和服务、增强游客体验效果

地质展览馆是地质公园不可缺少的一个组成部分，地质公园管理决策层应充分意识到自己的责任，加强地质展览馆的建设和服务，让其以图片展示、文字说明、模型展览、影视播放、标本观赏以及工作人员现场解说等方式，向公众尤其是青少年普及地学知识，展示公园独特的地质地貌景观和国内外相关地质地貌景观概况，使旅游产品动感化，增加游客的互动、参与、体验。

有人将"动感艺术"理念引入游憩和景观设计，该理念迎合了现代人追求动感效果的心理需求，为旅游产业带来不断的创新。一是使静态景观动感化。目前绝大多数景观设计，仍是静态的设计，因此要对静态艺术进行动感设计，如把一组雕塑设计成劳作场面，让雕塑很动感；立体动感画的使用，创造出引人入胜的立体空间效果；也可以用局部的活动化来带动整体的动感，如加一个风轮、设一个转子等，可以用流水带动环境的动感效果。二是表演艺术的动感设计，主要形成了三个突破：舞台与场景的室外开放；道具的现实化与景观道具化；观众与演员的互换互动，游客可以作为演员参与进来。因此，要用动感艺术的理念解决大部分地质博物馆多以静态陈列式为主、游客参与性不强的问题。如地质博物馆大门、广场、小品、景观、地质名人碑刻、地质年代表等的设计，要强调其动感，否则就给人一种呆板、没有灵气的印象。地质公园重要节点的景观设计应当能给旅游者的视觉产生冲击力，如大门就可以设计为该地质公园所特有的稀有动物或植物形态(包括古生物)，并使其有动感。

第三节 "摇钱"的石头

曾经有个关于摇钱树的传说，"永春有棵摇钱树，树上长出两股杈，每股杈上有五个芽，摇一摇，开金花，摆一摆，掉银沙，要吃要穿全靠它。"这个传说中的摇钱树应该是不存在的，树不能摇钱，但是大自然的另外一种产物——岩石（俗称"石头"）却可以摇钱。各类岩石由于成分和性质的差异，它们在地表的形态也各不相同，形成独具特色的自然景观。它们成为了风景区的主力军，可给人们带来了巨大的经济效益。因此，这些石头就变成了"摇钱"的石头。

【知识延伸】

岩石圈是地球的主体圈层之一，人们所见地球表面的高山峡谷、丘陵沟壑，它们的形成都离不开岩石，可以说是岩石构成了它们的主体。按成因可把岩石分成岩浆岩、沉积岩和变质岩。岩浆岩是由岩浆喷出地表或侵入地壳冷却凝固所形成的岩石；沉积岩是由堆积在陆地或海洋中的疏松沉积物固结而成的岩石；变质岩是指受到地球内部力量（温度、压力、应力的变化、化学成分等），致使原来岩石的矿物成分、化学结构和构造发生变化而成的新型岩石。

先来说说风景区的"摇钱石"吧。张家界世界地质公园主要地质遗迹类型为砂岩峰林地貌、岩溶洞穴，石峰形态各异，优美壮观，是世界上极为罕见的砂岩峰林地貌，有重大科学价值。正是由于其独特性，每年来这里旅游的人不计其数。

由图6.13可见，张家界旅游收入纵向比较增长迅速，从1989年的2491万元，增长到2010年的125.32亿元，旅游对区域经济发展的贡献不断增强，2011

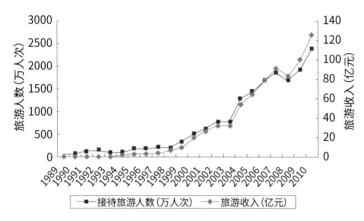

图6.13 1989-2010年张家界旅游人次和旅游收入

年张家界市旅游景区景点接待国内外游客3041万人次，张家界全市接待过夜人数达1332万人次，旅游业增加值145.84亿元，占全市增加值的48.93%；实现旅游业税收7.79亿元，占全市税收总额的41.55%。据湖南日报报道，2013年张家界各景区景点共接待游客3590.1万人次，实现旅游总收入208.71亿元，比上年增长24.74%，首超200亿元大关。其中，接待境外旅游者215.81万人次，同比增长21.16%，远超全国平均2%的增速。旅游接待人次和入境旅游人次双双稳居全省首位。

除了景区的"摇钱石"，石头中还有最为特殊的一类——宝玉石。在地质学家眼里，这些宝玉石与普通石头同属于岩石或者矿物，都是在漫长的地质演化中形成的。至于宝玉石的珍贵，是因为它们某种特点恰好迎合了人类的某种审美需要，又比较稀缺。

宝玉石常常具有艳丽的色彩，这是其对不同波长可见光选择吸收的结果，颜色是决定宝玉石珍贵价值的重要因素之一。数千年来，华贵珍稀、晶莹艳丽的宝石被视为吉祥的信物，中国人自远古以来就对玉石有着一种极为独特的情愫，形成了玉石文化。

【知识延伸】

玉石是指自然界中产出的细腻、坚韧、光泽强、颜色美丽、适于琢磨或雕刻的单矿物或多种矿物组成的岩石，也称宝玉石。宝玉石之所以呈现颜色是由于宝玉石的组成中含有呈色的过渡金属离子或宝玉石晶体中有杂质缺陷或本征缺陷或结构畸变所致。光与宝玉石作用产生的反射、衍射、漫射、干涉等效应亦可造成呈色现象。另外色素离子在晶体内部结构中配位数不同，所呈颜色也可能不同，如Co^{2+}在六配位时呈红色，四配位则使矿物呈现特殊的蓝色。当然，宝石的色调是可见光的定反射、吸收、折射、干涉等联合构成的各种现象的总和。不同的地质环境条件下形成的具有不同组成与结构的矿石，由于存在裂隙、包裹体、双晶纹等，因此造成矿物颜色的多样性（图6.14至6.17）。

图6.14　红宝石首饰

图6.15　祖母绿首饰

图6.16　钻石

图6.17　海蓝宝石首饰

　　宝玉石型地质公园是地质公园的一个重要分类，同时宝玉石也往往作为景区的一大特色，十分引人注目。如蒙阴金刚石矿山遗迹景观区是沂蒙山国家地质公园主要景区之一，昌乐火山口地质公园以蓝宝石而闻名，常林钻石地质公园曾产出一块重158.768克拉的钻石等。

　　此外，石头还有重要的作用——建筑，大到铁路、高速公路，小到房屋、乡间小路，这些建设都离不开石头，石头堆砌了人们的生活空间。中国古代建筑的主流是木结构，而欧洲古建筑的主流是石结构，中国人是将石与土用于建造基座和墙体，西方人则是将木用于屋顶上，这就使得中西方建筑有着各自不同的特点，西方建筑，尤其是教堂等建筑要求高大、宏伟、严肃，这正是石头的特性，石头在这些古老而又经典的欧式建筑（图6.18）里大放异彩，它们已经成为宝贵的历史文化的活化石。

图6.18　德国科隆大教堂

　　通过上面的叙述，你是不是觉得石头确实能"摇钱"，它们的"摇钱"不仅体现在它的美，还体现在它不可替代的作用上。地质公园的美离不开它们，同样地质公园的发展也离不开它们，在地质公园巨大收益背后是这些宠辱不惊的石头，几千年来，他们或暴于高山，或卧于溪水，咸淡两由之，用自己的华丽和朴实书写属于石头的故事。也许它们根本不知道自己能够创造这么大的价值，对人们的生活是那么不可或缺，但是除了地质作用，它们从未去主动改变什么，它们继续着自己的朴实无华，继续着自己平凡的伟大。如果这种精神被当作一种财富的话，那石头真是无价的"摇钱石"，真是"古无摇钱树，今有摇钱石"。

第四节 预防大山的枯萎

每年6月25日是全国土地日，这是人们集体俯看大地的时刻，这个承载着人类文明的土地，支持着地球生命重量的土地，历经沧桑。低头审视人类与土地的关系，不得不承认人类给土地带来的压力和伤害，农耕文明的盛宴和人类文明的进步是以人类主动改造自然开始的。在旧石器时代，人类的力量只能微弱地利用土地，到了新石器时代，狩猎和农业齐头并进，农业得到相当地发展，人类开始对固定的一片土地传宗接代似的永续利用，开始施加持续性的破坏，而后铁制工具的出现，锄头一次一次地击打土地拉开了农耕时代的序幕。随着农耕时代向工业时代的转变，人口的不断增长，土地资源的日益短缺，人口、资源、环境三者越来越相互矛盾，可持续性发展应运而生，可持续发展可以说是人类对土地态度的一大转变，是人类的救赎。

在国际上对地球演化过程中形成的重要而独特的地质遗迹，建立国家地质公园予以有效保护，譬如美国的夏威夷火山国家公园、大峡谷国家公园、厄瓜多尔的加拉帕戈尔斯群岛国家公园、阿根廷的冰川国家公园等。美国在对其国家公园开发时就严格规定：除了必要的风景资源保护设施和必要的旅游设施外，严禁在国家公园内搞开发性项目，只允许少量的、小型的、分散的旅游基本生活服务设施；另外，设施的风格色调等要力求与周围的自然环境相协调，不得破坏自然环境和资源，同时还严格控制公园内的游客量和野营地的设施数量等。欧洲的一些地质公园在开发建设中同样非常注重对地质遗迹资源的保护，非常强调资源的地学特征，在建设过程中他们还与大学和科研单位合作，共同开展地质科学研究，把地质公园建设成地球科学教育基地、形成面向公众的科学普及基地。这些对中国地质公园的建设都有着很好的借鉴作用。

一、地质公园保护注重长效

地质公园在开发利用过程中出现许多远远超于规划的问题，在实际运营过程中有些甚至与保护完全相违背。问题主要有资源的过度利用，公园内的土壤、大气、水环境质量降低，噪声污染和水土流失，居民及旅客活动等对自然生态的影响，需要把这些情况进行陈述和评价，并对生态环境影响做出预测，采取相应措施解决主要矛盾，实施生态环境保护。此外还要对公园范围内及所在地区的地质灾害、森林火灾、病虫害、极端气候灾害和游客安全事故等灾害的历史状况、发生背景与条件进行分析，论证保护措施的有效性与可行性。拯救地质公园的行动需要有关部门系统地统一调查，整合规划全国地质资源，开展全国地质公园的调查和评估工作。

现在必须采取适当措施去挽救已经破坏的地质公园，以避免的地质公园继续受到破坏。主要措施有以下几种。

1. 建立全面统一的资料库

对不同类型的资料进行整合，完善各种资料，统筹规划，将地质公园所有的地质遗迹和风景实行合理分级分区保护。对当地进行人文关怀，在文化中折射出自然的美妙，二者相互渗透。深刻认识到地质遗迹分布在各个地方的稀有性和代表性，把地质公园种类的丰富性、多样性提到首位，考虑国家地质公园的分布与地质遗迹空间格局自然属性的匹配平衡，衡量各个方面进行全面的平衡。

2. 建立示范保护区

通过建立示范保护区以带动其他保护区的建设，目的是加快国家地质公园、矿山公园和地质遗迹保护区的建设。应由国土资源部和国家旅游局牵头，组织全国著名地质专家和旅游专家，根据大地构造位置和野外考察，向各省下达可行的因地制宜的国家公园建设计划。确定地质公园建设的数量、大体位置和建设周期。继而，由各省进行全面普查，制定适合本地的规划方案，体现地质公园规划工作的科学性，充分利用研究所或者高校的科研成果，形成产学研相结合的良性发展局面。

3. 加强科学研究，提高地质遗迹的科学价值

俗话说，他山之石，可以攻玉。在开展科学研究的同时进行国际学术交流，学习国外的先进科学技术，并把我国独特的地质遗迹和有关的管理经验推向国外，使地质公园得到深度的开发利用，专业知识得到更有利的体现，提高经济效益。在国家地质公园建设中，为了适应游客旅游过程中的求知欲，应对地质旅游资源的开发程度加以重视，以增强旅游产品的吸引力，比如开发特色旅游线路，把地质遗迹内容与其他类型的旅游景观连起来，开展一些趣味性活动，吸引游客参与其中，挖掘出精品，产生轰动效应。在此基础上，扩大宣传，加快地质旅游发展步伐，推动高层次地质公园的建设，提高地质公园经济效益。建立健全稳定的投入保障机制，多渠道、多层次筹集地质遗迹保护资金。积极开辟新的投资渠道，广泛吸引社会各方面的投资进行地质遗迹保护。

4. 提高从业人员的专业素质

尤其要提高导游的专业素质，完善地质公园规划和加强从业人员的培训工作，在地质公园的规划、导游讲解等方面要由经过专门知识培训的人才来做。地质导游工作有较强的专业性，各公园导游人员地学知识培训应进一步加强，不断提高从业人员的业务能力。积极组织人员参加各类业务培训，地质导游员的培训可以分岗前培训和临岗培训两个阶段进行。

5. 加强立法保护

我国地质公园存在的历史只有十几年，在法律方面的保护还不够健全，而美国、欧洲一些国家在这方面做得很好，使地质公园很好地得到了法律保护。我国应尽早立法，给地质公园的发展提供一个良好的法治环境。加强法制建设完善法律制度，公园应属国家所有，受法律保护，不准任意开垦、占据和买卖，公园应成为为人民永续利用的社会公益事业。关于法律的出台，参照《世界地质公园工作指南》制定出《中国地质公园管理条例》，为地质公园的管理提供强有力的法律保障。做到"有法可依，违法必究"，充分吸取因立法滞

后、无法可依而出现一系列问题的教训，促进中国国家地质公园的可持续发展等。制定切实可行的保护法规，结合地质遗迹发育的特点组成专家小组拟定法律法规，力求做到依法行政管理，各项工作有法可依。对于新出现的问题，应该不断地拟定新的法规及有关新的管理规定，进行包括地质遗迹保护在内的地质环境综合评价，遏制重要地质遗迹的破坏。

6. 根据地质遗迹类型进行恰到好处的保护

提高保护地质公园、保护环境的自觉性和主动性，针对地质公园还需坚持"在开发中保护，在保护中开发"的原则，依据当地地质公园的主要特点对其发展模式进行定位，并确定当地公园的合理发展战略。在尊重环境的情况下，地质公园可以刺激具有创新能力的地方企业、小型商业的发展，提供新的就业机会，为当地人们提供补充收入。综合发挥地质公园的多重功能和作用，是地质公园成功的基础条件，对地质遗迹采取分级分类保护。

（1）点状出露的地质遗迹。这类地质遗迹或地质景观一般价值高，属最高保护等级，最有效的保护措施是使其与游客隔离，绝对不让人进入、触摸。如北京的"银狐"奇石用玻璃罩与游客完全隔离，游客在隔离设施外可看不可摸；丹霞山的阳元石也与游客隔离，只能在隔离设施外观看拍照，禁止游客进入对其造成损害。对陨石，可收入博物馆保护，特大无法搬运者可就地隔离保护，允许游客在隔离设施外参观；对宝玉石、水晶、贵重矿石等，可收集样品陈列于博物馆保护，其产地应隔离，严格保护，严禁偷盗开采、破坏。

（2）局部分布的中小型地质景观。包括各类石林、石蛋，典型地震崩塌、泥石流、冰川遗址，还有瀑布、奇泉等，这类局部分布的地质景观，一般不让进入或在排除危险后，有控制地允许进入考察、观光，可在附近安全地带规划指定线路或平台让游客观光。其保护方式是在景区内禁止采石、取土等以及其他对保护对象有损害的活动。云南石林国家地质公园在这方面做得很好，据了解，近年来，石林景区先后实施了重大的改造提升项目，对核心景区进行改造，投入3.9亿元将石林景区五棵树村整体搬迁，完成了彝族第一村建设。2011

年7月以来，石林景区投入了9500余万元，完成大小石林景区改造和生态恢复工程，实施景区大门外移、排水设施改造，建设游客中心，配套景前区休闲公园、游客集散广场。2012年4月，全国景区中首个雷电灾害防御体系也在石林景区建成投入使用。近期，为了保护石林风景区原有的自然风貌，防止人工化和城市化倾向又出台了保护政策：在一级保护区内，除按规划统一设置必要的游览设施外，不得新建其他设施；在二级保护区内，不得新建与风景和游览无关或者破坏景观、污染环境的建设项目和设施。

（3）呈大面积分布的地质景观。包括雅丹地貌、丹霞地貌、喀斯特地貌、火山地貌等，这些地质景观允许游客进入观光，在规划核心区外可安排建设必要的旅游设施如道路停车场、少量服务接待建筑等。保护方式是划出保护范围，作为地质公园园区，区内禁止采石、取土、开矿、放牧、砍伐以及其他对保护对象有损害的活动。这是大部分地质公园采取的保护方式，广东丹霞山

表6.2　广东丹霞山世界地质公园地质遗迹类型分类

类型	亚类	数量（个）
地层遗迹	马修坪组与下伏地层的不整合接触遗迹、长坝组四段地层遗迹、长坝组四段与丹霞组第一段的平行不整合接触遗迹、丹霞组巴寨段地层遗迹、丹霞组锦石岩段地层遗迹、丹霞组白寨顶段地层遗迹	9
岩石遗迹	早期火山活动遗迹、丹霞组红层的岩性差异、丹霞组红层沉积构造遗迹	3
地质构造遗迹	断层构造遗迹、节理构造遗迹	20
沉积遗迹	层理构造遗迹、层面构造、沉积构造、河流阶地	4
水文地质遗迹	主要为泉点	3
地貌遗迹	流水作用为主形成的地貌、崩塌作用为主形成的丹霞地貌、风化作用为主形成的地貌、喀斯特地貌	134
人文景观遗迹	寺庙、墓葬、悬棺墓、摩崖石刻	34
合计		207

世界地质公园是典型的例子。广东丹霞山世界地质公园根据地质遗迹特点确定了核心区特级保护区一级景观保护区、二级景观保护区和外围环境背景保护区地带；明确了地质遗迹特级保护点。近年来还开展了本区地质遗迹调查（如表6.2），以更好地保护地质公园。

　　（4）形态相对完整空间的地质遗迹。这类空间一般是由岩石围成，包括各类洞穴、天坑、峡谷等。在保证其完整性的前提下，游客通过规划建设安排的步道进入其空间内观光，有时（如峡谷河流）游客可在规划的航道上漂流，体验大自然的神奇。其保护方式是所有车行道路、建筑都不得进入其保护的空间内，更不得采石、取土等以及对构成空间的岩石有损害的活动。武隆岩溶国家地质公园（图6.19），近三年建设了旅游码头、停车场、沿途观景平台、水上浮桥等功能区，以此合理保护喀斯特地貌景观。

　　（5）其他。温泉、矿泉、矿泥是重要的保健资源，在旅游业产品中是发展休闲健身娱乐建立度假村的重要资源条件。

图6.19　武隆岩溶国家地质公园

保护的方式是科学核定开采量，度假村的规模由被允许的开采量来控制，以保证这些资源的永续利用；对资源产地的地形地貌严格保护不被破坏，环境不受污染，特别是对泉水水质严格保护使其不被污染。我国以温泉为特色的地质公园保护有待完善，比如云南腾冲国家地质公园、黑龙江五大连池世界地质公园。

7. 完善管理制度

　　目前，许多地质公园都存在着这样的问题：管理人员数量不足、对自己的职责不清楚、对破坏现象睁一只眼闭一只眼、只迎合经济发展需要忽视环境保护。因此，各地应该加强对管理人员的培训，让他们知道自己的职责，并恪守原则；认识到一个地方的发展不仅仅是经济的发展，而是经济、社会、环境三者之间的协调发展；清晰地知道地质公园不单单是一个景区、一个休闲娱乐场所，而是地球演变的见证者、是很重要的科普基地。另外，各地需要建立一个很完善的管理系统，甚至由相关部门定期组织考核与评估，这样才能更好地去保护自然珍宝——地质公园。四川宜宾兴文石海地质公园（图6.20）就是一个很好的例子。2006年12月，兴文县人民政府成立了兴文县石海洞乡风景名胜区管理局，负责对石海洞乡风景名胜区进行统一规划、保护、利用和管理。另外，兴文县委、县政府高度重视世界地质公园科普教育基地的建设和管理，专门成立了兴文世界地质公园管理局，负责地质公园的资源保护、开发建设和科普教育工作，落实专门人员和资金，积极开辟地质科普教育场地，开展地质科学研究，大力推广地质科普知识，完善地质博物馆各类地质遗迹标本的收集与展示。

图6.20 兴文石海地质公园

8. 提高公众保护意识

人们一般认为旅游就是为了放松身心，享受美景、美食，其中很少有人意识到自己不合理的行为已经给地质公园造成破坏。应强化保护宣传，加大监管力度，大力开展地质遗迹科普宣传工作。由于地质遗迹保护的公益性，应广泛开展地质遗迹保护的宣传。在宣传工作中需要不断强调地质遗迹知识的科学普及，提高全体公民自觉保护地质遗迹的意识，增强公民对地质公园的保护意识。保护和合理利用地质公园是全社会的职责，因此，各地应该扩大宣传，提高游客的公共意识，切实严于律己，加入到保护地质公园的队伍中去。

北京十渡地质公园（图6.21）为了更好地保护地质遗迹，根据地貌特点、市场需求，作了一个涵盖地质遗迹保护、生态环境与人文景观保护、科学研究、科学普及行动、完善解说系统等在内的规划，并且利用地质公园网络系统做了很多宣传，为地质公园保护树立了榜样。

图6.21　北京十渡地质公园

二、地质公园规划

实践证明，地质公园的建设促进了旅游业和地方经济的发展，提高了对地质遗迹的投入和居民对地质遗迹保护的自觉性，使一些地质遗迹得到了有效保护。同时，区域旅游业的大环境也给地质公园的建设和发展带来了规模效应，通过区域资源整合，使地质公园和其他景区相互促进，将地质公园的建设纳入整个区域的旅游区划和产业布局之中，通过地质公园的建设可以带动当地旅游业的发展。

实现地质公园规划是决定地质公园命运的重要环节，各地必须坚持严谨的科学态度，合理规划，并严格执行，实现管理的合理性，实现地质公园长久的可持续发展，在地质公园的整体环境下更好地保护好地质遗迹。地球把她的昨天留给了今天的人类，又将把今天的地质公园留给明天，今天的人们需要精心呵护她并合理开发利用珍贵的地质遗迹资源，造福人类，造福世界，从而把地质公园完完整整地留给地球的明天。

热爱祖国 献身科学 尊重实践

——为古代伟大的旅行家、地理学家

徐霞客诞生四百周年题

李鹏

一九八七年元旦

霞客

7——1641

第七章 你是明天的徐霞客

第一节　徐霞客如果活在今天

一、千古奇人徐霞客

"曾有霞仙居北坨，依然虹影卧南旸。"在江苏省江阴县南阳岐村庄，村南边有一座古老的石桥，这幅对联即刻在石桥上。对联的意思是说：这里曾经有位霞仙居住在石桥的北边，虽然霞仙现在已经不在了，但是他的精神却像是彩虹一样永远飘在南阳岐的上空。对联中的霞仙指的就是徐霞客（图7.1）。

图7.1　徐霞客塑像

徐霞客，名弘祖，字振之，江苏江阴人，生于1587年，伟大的地理学家、旅行家、探险家。他又被后人称为"游圣""霞仙""驴友祖师"，一生之中，游遍了中华秀美山川，徐霞客少年即立下了"大丈夫当朝游碧海而暮宿苍梧"的旅行大志。徐霞客的足迹遍及今16个省、市、自治区，详见表7.1。他不畏艰险，曾三次遇盗，数次绝粮，仍勇往直前，严谨地记下了观察的结果。直至进入云南丽江，因足疾无法行走时，仍坚持编写《游记》和《山志》，基本完成了240多万字的《徐霞客游记》。53岁时（1640年）云南地方官用车船送徐霞客回江阴。54岁正月病逝于家中。徐霞客经30年考察撰写成的260多万字《徐霞客游记》，约40多万字，是把科学和文学融合在一起的一大"奇书"，在国内外具有深远的影响。

徐霞客的游历，并不是单纯为了寻奇访胜，更重要是为了探索大自然的奥妙，寻找大自然的规律。他对福建建溪和宁洋溪水流的考察就是一例。黎岭和马岭分别为建溪和宁洋溪的发源地，两座岭的高度大致相等，可是两条溪水入海的流程相差很大，建溪长，而宁洋溪短。徐霞客经过考察，得出宁洋溪的水流比建溪快的结论。"程俞迫则流俞急"，也就是说路程越短，水流越急。这个地理学上的著名结论，就是由徐霞客通过实地考察得出来的。

表7.1　徐霞客旅行年表

时间	地点	重大事件
万历三十五年（1607）	惠山，太湖，苏州，东洞庭湖，游览灵威丈人遗迹	徐霞客第一次出游
万历三十七年（1609）	泰山，孟母三迁故里及山东河南等地名胜古迹	徐霞客第一次远距离旅行
万历四十一年（1613）	杭州西湖，普陀山，天台山，雁荡山	做《天台山日记》《雁荡山日记》
万历四十二年（1614）	金陵，扬州，镇江等地	
万历四十三年（1615）		
万历四十四年（1616）	白岳山，黄山，武夷山，绍兴，杭州	
万历四十五年（1617）	宜兴，善卷，张公诸洞	首次携母出游
万历四十六年（1618）	九江，庐山，再游白岳山和黄山	
泰昌元年（1620）	福建，仙游，九鲤湖，石竹山等	第二次游览福建
天启三年（1623）	二次游览太华山，武当山	
天启四年（1624）	二游句曲茅山，阳羡，宜兴诸洞，松江	徐霞客母亲80岁高龄与徐霞客一同出游以支持他的远游
崇祯元年（1628）	再游福建，南下广东罗浮山	第三次游福建
崇祯二年（1629）	北京，燕山，山海关，崆峒洞	
崇祯三年（1630）	二游江阴，梅花堂，二游漳州，游览桃源洞浮盖山	第四次游福建
崇祯四年（1631）	苏州，青浦，佘山	
崇祯五年（1632）	再游天台山，三游雁荡山，游南京，镇江，句容，苏州，洞庭山，太湖	
崇祯六年（1633）	再上北京，游恒山，五台山，三游漳州	第五次游福建
崇祯九年（1636）	向西游览贵州、湖南、广西、云南等地	万里退征，徐霞客最后一次远游，也是时间最长，意义最大的一次

二、流传千古的中国古代旅行家

古人长行，同徐霞客一样，中国古代有很多热爱旅行的文人侠客，他们用脚步丈量祖国的山川河流，有的为报国求仕，有的为科学考察，各人初衷不同，风骨与故事亦不相同。

1. 丝绸之路开拓者——张骞

汉代张骞（图7.2），以使节身份出使西域，两次启程前往遥远的西域，踏足今人难以想象的广大地区，对丝绸之路的开拓贡献极大。他从西域诸国引进了汗血马、葡萄、苜蓿、石榴、胡桃、胡麻等，完成了探索中亚的史诗般的功业。他从伊犁河流域，折向西南，进入焉耆，再溯塔里木河西行，过库车、疏勒等地，翻越葱岭，直达大宛……又沿塔里木盆地南部，自莎车，经于阗（今新疆和田）、若羌，进入羌人地区。他的脚步，走出了誉满全球的丝绸之路；

图7.2　甘肃阳关古城张骞塑像

他的努力，使中国的影响直达葱岭东西。他还派出几支队伍，前往大西南——原西康省南部（今四川省南部）及今昆明以西的广大地区，以求打破西南同中原的隔绝状态。

2. 任性诗人山水游——谢灵运

图7.3 谢灵运塑像

谢灵运（图7.3）乃东晋名将谢玄的孙子，袭奉康乐公。作为南朝最有名的驴友，他的游踪遍及江南。利用家族的雄厚财产，谢灵运所到之处凿山浚湖，"功役无已"。他出游之时，动辄十多天不归，既不报告也不请假。一次，谢灵运从始宁南山出发，携带数百名奴仆，伐木开路，一路行至临海，太守王以为山贼出没，惊慌失措，差点打报告请朝廷派兵保护。谢灵运还发明了便于登山的"谢公屐"、曲柄笠。而他最大的贡献，在于留下大量吟咏山水的诗作，被称作中国山水诗的开山鼻祖。"池上生春草，园柳变鸣禽"正是他的名句。

3. 地理文学两开花——郦道元

北魏地理学家郦道元，以地理巨著《水经注》闻名于世。此书共四十卷，突破了《水经》只记河流的局限，以河流为纲，详述干、支流区域的地理，包括山脉、土地、物产、城市的位置和沿革、村落的兴衰、水利工程、历史遗迹等情形。如此分量超重的地理巨著，在当时的中国，以至世界上都罕有其匹。《水经注》语言清丽，文学价值颇高，前文介绍长江三峡地质公园引用《三峡》正是出自《水经注》。

4. 放浪不羁侠客行——李白

"蜀道难，难于上青天。"李白作为诗人被世人所熟知，很少人知道他也是一位旅行家，身处开放包容的唐朝盛世，李白性格中浪漫自由的因子全部被释放出来。虽然一心求仕，但李白并不屑于走平常路，而希望被慧眼识英举荐入仕，加入了浩荡的漫游队伍。他游历过荆楚、吴越、三峡、齐鲁、嵩岳、京都等地，遍行大半个中国，沿途留诗无数。非凡的抱负、奔放的才情、豪侠的气概，李白征服了一个时代的诗人，被称为"谪仙人"。可惜他始终没能如期冀般地一展抱负，虽然不羁仍难免坎坷失意。据说他醉酒泛舟，因俯身逐取月影沉溺而亡，如此不羁的句号也算是对一生的祭奠吧。

5. 唐代旅行家——杜环

杜环，中国唐代旅行家，又称杜还。襄阳郡（今湖北襄阳）人，生卒年不详。唐天宝十年（751年），随高仙芝在怛逻斯城与大食（阿拉伯帝国）军作战被俘，过了近10年的俘虏生活。后来他旅游了非洲埃及等国，成为第一个到过非洲并有著作的中国人。宝应初年（762年）乘商船回国，写了《经行记》一书，惜已失传，唯杜佑的《通典》（801年成书）引用此书，有1500余字保留至今。《经行记》是中国最早记载伊斯兰教义和中国工匠在大食传播生产技术的古籍，还记录了亚非若干国家的历史、地理、物产和风俗人情，其中最重要的部分便是伊斯兰医药的部分，包括拔汗那国产的庵罗、地中海南岸突尼斯产的鹊莽、亚俱罗河洲产的香油、扁桃等，末禄国所产的军达、茴香等。杜环还曾游历过埃及的亚历山大城，并且称赞过当时地中海的医学。

图7.4 北京药用植物园 李时珍塑像

6. 脚踏实地尝百草——李时珍

明代卓越的药物学家李时珍（图7.4），历时卅载，跋涉山川丛林，采集草药标本，寻访民间验方，他曾经亲自吞服曼陀罗，发现其麻醉和使人兴奋的作用，也冒险攀上绝壁采集榔梅，还曾伏在山中观察剧毒的白花蛇，几天不眠不休只为搞清楚穿山甲如何吞食蚂蚁。同时，李时珍遍访名医，搜求民间秘方。为搜求民间验方、收集药物标本，他多次外出，"远穷僻壤之产，险探山麓之华"，前往今东南、两广大量地方及名山访问。经历了27个寒暑，编纂完成近200万字之巨的药学专著《本草纲目》。

7. 人文地理始祖——王士性

在万历之后，出现了两位影响深远的地理学家和旅行家。一位是以《徐霞客游记》流芳百世并被称为"千古奇人"的徐霞客，另一位就是王士性，他的贡献本与徐霞客相当，但却被忽视了400多年，直到现在才被学术界挖掘出来。由于其提倡的地理学思想以及保存下来的地理资料，被人们尊称为"人文地理学始祖"。

王士性字恒叔，号太初，又号元白道人，浙江临海人。生于1547年，卒于1598年。他性喜山水，从孩提时代就抱有走遍天下的壮志。1570年，还未中举人之前与一同求学于天真书院的王亮、钟华民等人开始了其长达20余年的游历。他利用做官的便利条件，广泛游历，足迹遍及除闽之外12个省。每到一个地方，就会记录下此地的山川景色、气候条件、河流走向、名胜古迹、特产、文化历史、风俗习性和地形特征。在此基础之上，他将地理景色与人文现象相结合，并凭借他在旅途中所见到的以及渊博的学识，写下了许多精彩的游记。他将自己写下的游记综合起来撰就了《五岳游草》。晚年时期，他又对过往的旅游著作和自身的所见所闻进行总结，创作出了《广游志》和《广志绎》两部伟大的人文地理著作，为我国人文地理学发展做出了巨大贡献。

三、徐霞客如果活在今天

国民素质是一个综合的概念，它包括了很多方面，如文化素质、道德素质、社会素质、审美素质和心理素质等。近20年来，国民素质研究专家解思忠首次提出要将提高国民素质作为基本国策。徐霞客把旅行与学习、交流、陶冶情操等结合在一起，体现了旅游的实质意义。他的科学、实践、创新和坚韧精神，对提高国民素养有着深远意义。至今，徐霞客精神仍在众多领域有影响。

徐霞客以高尚的道德素质、满腔的爱国热情，用30余年的时间游遍了祖国各地。《徐霞客游记》所记叙的一些旅游目的地，如浙江的普陀、雁荡，江苏的太湖，安徽的黄山，云南的大理、丽江等，如今几乎全部是国家级风景名胜区。《徐霞客游记》中记叙各地的历史文化古迹和民俗风情等字里行间处处体现了徐霞客对祖国大好河山的热爱，他将对祖国江山的热爱化为爱国主义精神，这种精神今天成为我国重要的文化遗产。

徐霞客的精神在于他与自然以及他人之间的一种和谐，可以忽视旅行当中的孤苦与磨难，在与不同地区人的交流中，寻找生命的真谛，寻找旅行的快乐。美国学者亨利·G·施瓦茨在《徐霞客与他的早年之游》一文中说，徐霞客追求并体现了一种"中国的自然之爱"，这种对大自然执著的爱完全是出于对祖国山水的兴趣和挚爱。《游黄山日记后》是徐霞客第二次游览黄山的日记，主要记叙他登天都峰、莲花峰的游历过程及各处景点的特征，其中的莲花峰"其巅廓然，四望空碧，即天都亦俯首矣。盖是峰居黄山之中，独出诸峰上，四面岩壁环耸，遇朝阳霁色，鲜映层发，令人狂叫欲舞"，不仅让徐霞客留恋忘返，字里行间也反映了徐霞客独特的审美素质。

徐霞客的旅游不同于一般的游山玩水，他重在考察，持有一种科学探险精神。清初学者潘耒称徐霞客的旅行是"以性灵游，以躯命游""亘古以来，一人而已！"新文化运动的骨干胡适十分推崇《徐霞客游记》："徐霞客在三百年前，为探奇而远游，为求知而远游，其精神确是中国近世史上最难得、最可佩的。""以躯命游，以性灵游"的确是对霞客游的最好概括。

徐霞客一生都在孜孜不倦地探索，其精神留给现代人思索的空间和前进的力量。毛泽东曾高度评价徐霞客有创新精神；李先念曾高度评价徐霞客"热爱祖国，献身科学，尊重实践"；温家宝在《纪念徐霞客》一文中指出，通过对徐霞客的纪念和对徐学的研究，能够促进人们热爱自然、热爱生活，提高人类自身的人文与科学素质；2011 年 3 月，国务院常务会议通过决议，将《徐霞客游记》的开篇日 5 月 19 日确定为"中国旅游日"。在徐霞客身上，可以看到一种爱国、爱生活、爱科学的国民素质，这也正是当代中国人所欠缺的一种素质。徐霞客旅游是以一种深度自助旅游，像徐霞客那样充分掌握文化背景，追求回归自然与目的地文化交流融合的深度旅游将成为发展的趋势。

那么，如果徐霞客生活在今天会是什么样子呢？

徐霞客从小就遍读先世藏书，读书认真细致。广泛的阅读为徐霞客日后的旅行考察打下了深厚的基础，徐霞客旅游行装中最具特色的就是随身带大量的书籍。旅行过程中，只要看到好书，哪怕不吃不喝也要买，他的族兄徐仲昭曾说："霞客性酷好奇书，客中见未见书，即囊无遗钱，亦解衣市之，自背负而归，今充栋盈箱，几比四库，半得之游地者。"这些都奠定了徐霞客深厚的文化素质，写下了《徐霞客游记》这部伟大的作品。如果徐霞客生活在现代，在现代这个网络高度发达的社会，信息共享的社会，徐霞客可以阅读学习的书籍和资料绝不是在明代时可以比拟的，他一定会如饥似渴地疯狂吸收各种感兴趣的知识。他也不需要随身携带大量的书籍和文献资料，只有一个小小的U盘就可以搞定。而吸收了这么多知识的徐霞客一定不止会对中国的山川感兴趣，他也一定会向往美国的大峡谷、南非的好望角、哥斯达黎加的那片海滩、马尔代夫的大海，或者是去南极见识雄伟的冰川。生活在今天的徐霞客心中的理想会更大。

崇祯十二年（1639年）九月，徐霞客"两足俱废"，不能行走，在鸡足山一边养病一边修撰《鸡足山志》，最后友人派人花了半年的时间将徐霞客送回故乡。现代医学科技高速发展，大大提高了人民的平均寿命，徐霞客生活在现在，会有更好的体魄和更长的寿命去探索去研究。现代交通的便利程度不是生活在古代的人可以想象的，古代骑马坐车要赶一个月路的距离在今天只要坐几个小时的飞机就到了。徐霞客可以节省出更多的时间和精力去探索更多的未知空间。世界各地都会留下他探索的足迹。

现在经常有驴友相约去旅游、去探索。如果徐霞客生活在今天，他会找到许许多多和他志同道合的朋友，他们有共同的理想、共同的追求，他们相约去探索、去冒险，他的旅程不再孤单，思想汇集会冲撞出更大的智慧火花。他们有各种现代高科技的装备、安全绳索、探照灯、指南针、防水手表，徐霞客的生命安全会得到更好的保障。

在现代，徐霞客也许会是一个科研工作者，他一定会是一个好老师，他带领着那些同样对地理地质充满热爱的学生去探索，去挖掘去寻找没被人见过的美景，去探索地球的奥妙，去向大家普及美丽的地理地貌知识。他不用再自费去旅行探索，国家和政府会做他坚实的后盾，支持他的科学事业。徐霞客会为中国乃至世界人民做出更大的贡献。

第二节　人人都可以成为地质学者

一、永远的李四光

我国著名地质学家李四光（1889年10月26日至1971年4月29日）（图7.5），出生于湖北省黄冈市（今湖北省黄冈市团风县回龙山镇）的一个贫寒人家，但这些并没有妨碍他的求学和后来的学业。

李四光的儿童时代遇事总爱问一个为什么。在李四光家乡回龙山镇陈家湾村口，一片平坦的地上兀立着一块大石头，祖祖辈辈的人早已习惯了这一奇怪的存在。有一天，小李四光在玩耍中突然问小伙伴：“为什么平地上会有这么一块大石头？”伙伴们谁也说不出为什么。为什么它的四周都是平整的土

图7.5　李四光塑像

地，没有一块石头呢？这个问题李四光想了许多年。直到他长大以后到英国学习了地质学，才明白冰川可以推动巨大的石头行走几百里甚至上千里。后来，李四光回到家乡，专门考察了这块大石头。他终于明白，这块大石头是从遥远的秦岭被冰川带到这里的。后来，经过进一步的考察，他发现在长江流域有大量第四纪冰川活动的遗迹。这一研究成果，震惊了全世界。

从1920年起，李四光担任北京大学地质系教授、系主任，1928年又到南京担任中央研究院地质研究所所长，后当选为中国地质学会会长。他带领学生和研究人员常年奔波野外，跋山涉水，足迹遍布祖国的山川。他先后数次赴欧美讲学、参加学术会议和考察地质构造。1949年秋，新中国成立在即，正在国外的李四光被邀请担任政协委员。得到这个消息后，他立即做好了回国准备，并于

1949年12月启程秘密回国。回到新中国怀抱的李四光被委以重任，先后担任了地质部部长、中国科学院副院长、全国科联主席、全国政协副主席等职。他虽然年事已高，仍奋战在科学研究和国家建设的第一线。20世纪60年代以后，李四光因过度劳累身体越来越差，但他还是以巨大的热情和精力投入到地震预测、预报以及地热的利用等工作中去。1971年4月29日，李四光因病逝世，享年82岁。

李四光是地质力学的创始人，于20世纪20年代创立了地质力学，为地质理论做出了巨大贡献。他运用力学观点来研究地壳运动现象，将各种构造形迹看作地应力活动的结果，建立了"构造体系"这一地质力学的基本概念，为探索地质自然现象提供了新方法，为研究地壳运动规律开辟了新途径，开创了地质科学的新局面，在国际上享有崇高声誉。他的理论为我国石油勘探做出巨大贡献。例如他运用地质力学分析我国东部地区地质构造特点，认为新华夏构造体系的三个沉降带具有广阔的找油远景，从理论上否定了"中国贫油"论。大庆、胜利、大港等油田的相继发现证实了他的科学预见。在地震地质工作方面，他强调在研究地质构造活动性的基础上，观察地应力的变化，为实现地震预报指出了方向。此外，李四光早在20年代初，实地考察了我国太行山麓、大同盆地、庐山和黄山等地，先后发现第四纪冰川遗迹，推翻了国际上许多冰川学权威断言中国无第四纪冰川的错误结论。

二、地质学与人类生活息息相关

地质学是地理科学的一个分支，与数学、物理学、化学、生物学和天文学并列生物自然科学六大基础学科之一。地质学是一门探讨地球如何演化的学科，地质学的产生源于人类对石油、煤炭、金属、非金属等矿产资源的需求。地质学是关于地球的物质组成、内部构造、外部特征、各层圈之间的相互作用和演变历史的知识体系。随着社会生产力的发展，人类活动对地球的影响越来越大，地质环境对人类的制约作用也越来越明显。如何合理有效地利用地球资源、维护人类生存的环境，已成为当今世界所共同关注的问题。

人类是在地球的发展过程中，生物进化达到高等阶段的产物。人的出现有赖于适宜的自然环境，包括地质水文、气候、生物等方面因素。它们互相依赖和制约，经过长期发展，达到了适于人类生存的相对稳定的生态平衡，如果其中任何一种因素发生重大变化，都将破坏这个平衡，而且有可能使环境不再有利于人类。地质学正在积极研究人类活动引起的地质环境的变化和地质作用造成的对人类的危害。

地质学是提高人类认识自然、增进与环境协调和求得环境改善的科学。地球表层的生物和人类的大量活动，都与地质条件相关。在生产力还不发达的时期，人类活动对地质环境的影响较弱，灾害性地质作用给人类带来的损失也不如今日这样巨大。在当代的发达国家里，矿业和以矿产品为基本原料的工业，一般要占到整个工业生产总值的60%左右；进行生产所使用的动力，几乎百分之百地取之于地球资源。

随着学科的发展，地质学已经发展到与人类生活相关的各个方面：**水文地质学**为人类研究地下水的数量和质量随空间和时间变化的规律，以及合理利用地下水或防治其危害。它研究在与岩石圈、水圈、大气圈、生物圈以及人类活动相互作用下地下水水量和水质的时空变化规律以及如何运用这些规律兴利除害。**生态地质学**不仅研究自然环境自身变化所引起的次生环境问题，也研究人类活动作用于周围环境所引起的次生环境问题。其次，它不仅研究生态系统、生物多样性等内容，也从地学角度研究生物多样性减少等生态问题。在我国，随着城市化发展，城市地质工作越来越重要。**城市地质学**主要研究城市地形地貌及地质构造条件、地基岩土的工程地质性质，岩土体的出露和埋藏条件、地下空间的可利用程度等，使城市土地得到合理利用；研究水文地质结构和水文地质条件、地下水埋藏和分布规律、地下水的水质和水量、地下水的补给和排泄、地下水的可利用程度等，合理开发利用城市供水水源；研究与城市有关的地震、活断层、滑坡、泥石流、洪水、地面沉降、水土流失等，解决城市地质灾害问题；研究城市建筑材料、地热、矿产资源开发利用的经济论证；研究城市中工业和生活垃圾的处理、地下水环境污染等，进行城市地质环境质量综合评价与环境保护。**农业地质学**为人类研究开发或改良各种适宜地质环境的农作物、研究农业生产活动对地质环境产生的影响及对策、评价区域农业生态地质条件，揭示各种名、特、优农林生物产品的最佳生态地质环境，以及为发展区域农林产品对地球表生带进行的最佳改造和利用。**灾害地质学**研究更是关乎人类存亡，2008年的汶川地震给中国人民造成了巨大的生命和财产损失，地质学家们对于地震的研究从来没有停止过。此外，滑坡、泥石流和崩塌灾害也严重威胁着人们，灾害地质学正是研究如何避免、防治这些灾害的。

其实，地质学应用在人们生活的很多方面，人们热衷的黄金白银珠宝首饰其实都是在地质学的基础上开采出来的。收藏界比较流行的灵璧石、黄龙玉、鸡血石和南红玛瑙等都是经由地质作用形成的。

三、如何成为地质学家

地质学的研究对象为地球的固体硬壳——地壳或岩石圈，主要研究地球的物质组成、内部构造、外部特征、各层圈之间的相互作用和演变历史的知识体系，是研究地球及其演变的一门自然科学。它具有以下三个特点：

首先，地质学是一门以自然为研究对象的学科。目前其主要研究对象是固体地球的上层，包括地壳和地幔。比如地球表面的一些地质现象和景观，包括各种各样的地貌，除了自然景观外，能源和矿产资源、威胁人类生存的自然灾害都是地质学的研究内容。

其次，地质学主要是以实践为基础的学科。地质学家认为，只有经过了野外调查的磨练，才能真正提高学生的专业素质。通过野外工作，才能对岩石的倾角、走向、岩层的厚度、生物化石出现的位置进行判别。野外实践，是地质学研究的前提。

最后，地质学是一门具有极强探索性的学科。地质学是研究地球的发生、发展和演化规律的科学，这些内容都是漫长的过去地质历史时期的发展过程，人们不可能看见当时的变化情况，只能靠观察地球发展过程中留下的遗迹来分析研究、得出结论。因此，地质学是探索性很强的科学，必须全面深入研究，才能正确认识地球的发展演化规律，否则，只能得到错误的或片面的认识。

因此根据上述地质学的特点，要想成为地质学家就需要做到以下四点。

1. 兴趣是最好的老师

伟大的科学家爱因斯坦说过："兴趣是最好的老师。"人一旦对某事物有了浓厚的兴趣，就会主动去求知、去探索、去实践，并在求知、探索、实践中产生愉快的情绪和体验。天体的运行、季节的转换、岩石的形成、化石所记录的信息等都是充满神秘感而吸引人的。地质现象更是存在于生活的方方面面，许多自然灾害，如泥石流、火山喷发都属于地质学的范畴，城市中的地面沉降、地裂缝灾害更是与我们息息相关。只要你感兴趣，细心观察，就能发现生活中到处都是地质现象。

1954年，我国著名的地质学家，被誉为黄土之父的刘东生院士前往三门峡研究古生物，当他晚上散步时，看见远处有一排排的灯光，就像当时住的楼房似的。为什么在偏远的农村当中会有这样的灯光呢？抱着这个疑问，第二天一早，他就赶到山沟里去找寻原因。他发现，昨晚的灯光是从很多建在黄土中的窑洞里发出的。顿时，他对这些黄土产生了浓厚的兴趣，并带回实验室中进行分析，最后断定黄土就是古土壤。这一发现，使他意识到了黄土的价值，进而开展了一系列的研究，为中国第四纪研究尤其是黄土研究奠定了基础。

2. 理想与追求是不竭的动力

许多前辈地质学家能做出卓越贡献，是他们青年时代就立下了"为人类造福"的大志。从大的方面讲，自己一生中要对国家、对民族做出贡献；从小的方面来说，自己在社会上从事什么事业，起什么作用。明代学者王守仁说过："志不立，天下无可成之事。"志就是理想，就是为实现奋斗目标而下的决心。理想不是空想，是追求可实现的目标。目标的实现，既受客观条件的制约，更决定于主观的努力程度。一般说来，实现目标常常要走艰难曲折之路，需要矢志不移、坚忍不拔地去追求。

中国地质事业的奠基人之一的丁文江先生，在他最初留学回国时曾有朋友邀请他到南京给军官徐固卿做秘书，但是他拒绝了，表示要为中国科学和现代工业做出自己的贡献。翁文灏先生学成之后也要立志为地质事业做出贡献。翁老先生在1939年写的《五十自述》中有这样一句诗："谢绝私交厚薪给，愿为地学起朝暾。"当翁先生回国时，广东人劳敬修邀其前往湖北蒲圻主持开办煤矿，并且当时总工程师的收入很是诱人，但翁先生认为自己志在地质研究，不宜变易，遂而到北京地质研究所担任教员，从事地质研究。王鸿祯院士在大学和英国留学期间，便树立了从全球性和历史性探讨地质科学整体的远大目标。因此，他有十分强烈的求知欲望。他一生掌握了多门外语，几十年如一日，一有条件就系统博览国内外有关的期刊和专著，收集和积累丰富的实际资料，为教学和科研打下了坚实的基础。正是因为他们抱着一颗愿为地质行业抛头颅、洒热血的心，才能在当年经济十分落后，物资极度匮乏的时代甘愿为地质行业奉献终身并且坚持不懈，最终成为中国地质大家。

3. 实践与创新是根本的要求

"路漫漫其修远兮，吾将上下而求索。"古今中外许多地质大家的经验，完全证明了艾青同志的"实践是认识的阶梯，科学沿着实践前进"的观点。地质学科的特点，将实践摆在了第一位。丁文江先生十分注重野外实践，先生的信条是"登山必到峰头，移动必须步行"。丁先生在地质调查所期间，不仅注重书本知识的传授，还更重视实地的地质考察，以至于丁先生的学生在毕业之后已人人可以独立工作。同时随着地质工作的不断开展，人类生存的自然环境和地质环境越来越复杂化。在这种情况下，传统的地质工作方法和思维模式受到了挑战，这都要求地质工作者转变观念和思想，通过不断的创新来推动地质行业的进步。只有在实践中创新，才能适应地质科学的发展，成为一名优秀的地质工作者。

4. 良好的体魄是首要的保证

野外考察观测是地学专业学习、研究不可缺少的基础工作。在长时间的野外工作中，经常需要长途跋涉，风餐露宿。很多时候，需要穿过连绵的山丘、广袤的草原和沙漠等人迹罕至的地方，在这种情况下睡眠和饮食都不能保障。因此要想成为地质学家，首先需要研究者具有良好的身体素质与健康的体魄，以承受户外艰苦的工作与生活环境。只有把身体素质提高了，才能顶得住风霜，受得了磨难，研究出一番成果来。

【结束语】

人类在探索自然历史的过程中逐渐认识到保护地质遗产的重要性，又从保护地质遗产的长期过程中找到了最佳办法和最好途径，这就是建立地质公园，使之成为保护地质遗产和地质生态环境的特殊景观区，进而形成不同层次的网络，成为重要地学问题的研究基地、学生实习的教学基地、面向公众的科学普及基地。同时以其为知识旅游、科学旅游、环保旅游提供服务取得的收入来支撑地方经济的发展，为当地居民创造就业机会，进而推动当地政府、经济实体和居民自觉融入地质遗产的保护工作。随着世界地质公园网络的建设和形成，可以预期，人类在保护自身历史文化遗产的同时，必将揭开保护地质遗产事业的新篇章。

参考文献

Beard J H，张尤宇，1982.第四纪地质年代、古气候、沉积层系和海平面升降旋回[J].海洋地质译丛，06:69-79.

安芷生，艾莉，2005.尚未完成的地质年代表——第四纪悬而未决的前程[J].地层学杂志，029(002):99-103.

崔之久，张威，陈艺鑫，2013.中美岩石地貌的比较观察——兼顾丹霞地貌相关联想.中美砂岩地貌的比较观察——兼及丹霞地貌相关联想[C]//中国地质学会旅游地学与地质公园研究分会学术年会暨泰宁旅游发展战略研讨会.

段江丽，2002.奇人奇书[M].昆明：云南人民出版社.

冯景兰，1939.关于"中国东南部红色岩层之划分"之意见[J].地质论评，(Z1):21-32.

付红梅，徐保风，2012.和谐社会视野的家庭礼仪教育[J].中南林业科技大学学报:社会科学版，6(002):85-88.

郭剑峰，2010.融入百里山水画廊 感受亿年地质文化——记北京延庆硅化木国家地质公园[J].科技潮，(02):58-59.

郭婧，田明中，刘斯文，2011.古生物类地质公园地质遗迹资源定量分析——以内蒙古宁城国家地质公园为例[J].资源与产业，(06):51-56.

海恩斯，2002.与恐龙同行[M].沈阳：辽宁教育出版社.

贾兰坡，张度，殷鸿福，等，2010.生命的历程[M].桂林：广西师范大学出版社.

李保国，2014.论生物多样性的重要性[J].新课程学习(下)，(1):40.

李玉辉，2005.地质公园研究[M].北京：商务印书馆出版社.

林军，2003.福建太姥山龙潭洞地质环境与景观资源特征[J].福建地质，22(002):83-88.

刘东生，1985.黄土与环境[M].北京：地质出版社.

刘世昕，2010. 美国国家公园:没有围墙的教室[J]. 环境保护，000(003):77-78.

鹿化煜，王骊萌，2004. 中国黄土:最近250万年地球气候与环境变化的记录者
[J]. 中国科学基金 (04):25-27.

潘凤英，1989. 普通地貌学[M]. 北京：测绘出版社.

裴文中，张森永，1985. 中国猿人石器研究[M]. 北京:科学出版社.

钱方，凌小惠，2005. 美国国家公园考察有感[J]. 大自然，01:54-57.

钱方，凌小惠，2005. 美国国家公园与中国国家地质公园的比较研究[C]// 全国
第19届旅游地学年会暨韶关市旅游发展战略研讨会论文集.

钱小梅，赵媛，夏梦，2006. 地质公园景区解说系统规划初探[J]. 河北师范大学
学报(自然科学版)，02:236-239.

饶华清，2011.《徐霞客游记》的旅游文化融合研究[J]. 沈阳师范大学学报:
社会科学版，35(002):29-32.

任杰慧，张军，2011. 澳大利亚科普启示——澳大利亚塔朗加动物园科普拾趣
[J]. 广东科技，20(10):12-13.

田明中，2009. 第四纪地质学与地貌学[M]. 北京：地质出版社.

吴胜明，2005. 中国地书：中国21个国家地质公园全记录[M]. 济南：山东画报
出版社.

武法东，田明中，张建平，等，2011. 中国香港国家地质公园的资源类型与
建设特色[J]. 地球学报，32(006):761-768.

谢洪忠，刘洪江，2003. 美国国家公园地质旅游特色及借鉴意义[J]. 中国岩溶，
22(001):73-76.

邢立达，冉浩，蒋子堃，2015. 史前森林——探秘延庆硅化木[M]. 北京：
中国铁道出版社.

徐弘祖著，褚绍唐，吴应寿整理，2010. 徐霞客游记[M]. 上海：上海古籍出版社.

许涛，田明中，2010. 我国国家地质公园旅游系统研究进展与趋势[J]. 旅游
　　学刊，025(011):84-92.

杨桂芳，陈正洪，2012. 美国国家公园科普理论与实践探索——以美国黄石公园
　　为例[C]// 中国地质学会旅游地学与地质公园研究分会第27届年会暨张掖丹霞
　　国家地质公园建设与旅游发展研讨会论文集.

杨景春，1985. 地貌学教程[M]. 北京：高等教育出版社.

杨新，晏嘉徽，2007. 论《孙子兵法》的军事战略思维观[J]. 南京政治学院
　　学报，23(2):87-90.

姚玉鹏，刘羽，2010. 第四纪作为地质年代和地层单位的国际争议与最终确立
　　[J]. 地球科学进展，25(007):775-781.

Mohsin A, 2005. Tourist attitudes and destination marketing—the case of
　　Australia's Northern Territory and Malaysia[J]. Tourism Management,
　　26(5):723-732.

Kunin W E, Gaston K, 1997. The Biology of Rarity: Causes and consequences of
　　rare-common differences[M]. London: Chapman & Hall.

Ogg J G, Pillans B, 2008. Establishing Quaternary as a formal international
　　Period/System[J]. Episodes, 31(2):230-233.

Tubb, Katherine N, 2003. An Evaluation of the Effectiveness of Interpretation
　　within Dartmoor National Park in Reaching the Goals of Sustainable Tourism
　　Development[J]. Journal of Sustainable Tourism, 11(6):476-498.

后 记

　　本书的显著特点是基于地质公园科普研究的高级科普读物。地质公园的科学普及功能与保护地质地貌资源和发展经济紧密联系，但也存在一些差别。因此如何在注重对过去历史资料的发掘和整理，并且注重历史语境还原的同时，强化当前时空下有效宣传普及地球科学知识和主要事件，在写作思路、写作手法上要求新求异。

　　本书与国内外已经出版的同类书籍相比，有自己的独特创新之处。在国外，对作为公众理解科学的科普教育一直较为重视，但纯粹以形象化的手法撰写针对地质公园的地质地貌现象的科普教育书籍并不多见。一些地质公园相继开辟了地学科普专栏，通过多样化、形象化的手段吸引游客，例如开办地学课堂传递地学信息。欧洲地质公园网络的每个地质公园都设有游客信息站点向游客展示化石模型、书籍、宣传页、博物馆配套产品等各种产品，宣传地质公园的科普活动与计划，传播科学知识，例如Papuk Geopark 在其公园网站上专门设置了科普长廊，采取专题的方式介绍地学知识，有一定的趣味性和知识性。2002年，联合国国际教科文组织创办了专门的科普杂志 *A World of Science*，可以让普通大众利用网络的便利迅速寻找地学信息。但总体上地质学科发展中的轶事较少涉及，也遗漏东方特别是中国的地学发展历史和地学普及的传奇故事。写作手法上，"以人物为轴"会割裂历史，使读者产生破碎的地学科学形象。这些不足尝试在本书中得到化解。同时本书也是一本介绍地质科学发展的科学史著作，通过一些历史轶事还原地质科学发展的主要历程。本书还关注整个中国空间范围的壮丽地貌历史画卷，着重阐述不同类型景观的形成和主要特性等，是为非专业读者提供认识地球科学的重要历史素材。

从国内来看，地质公园科学普及性读物种类并不多，在已有的一些科普读物中有两种倾向，一种是专家学者撰写的强调知识性的著作，容易偏向知识本身体系而显得枯燥、艰涩，不便读者吸纳。另一种倾向是强调市场性，容易淡化地学知识主题，导致可信度下降。从地球科学史角度撰写的书有一定科普价值，但很多地质公园相关的科普书籍和科普教育存在一些错误及不恰当之处。例如某些标有"科学"字样的图书大行其道，里面却有不少漏洞。有些书籍关于地质公园地貌科普故事的挖掘还稍显不足，如何指导地质公园的学（习）、科（普）、研（究）还略显不足。从科普的角度看，知识性、趣味性、科学性和艺术性的融合还不够。

本书是介于地球科学知识性教材和一般性读物之间的高级科普著作，希望呈现：严谨的地球科学历史研究背景支撑，准确生动的地球科学知识介绍，丰富有趣的事件和现象叙述，全方位的历史视野和对中国地质公园的特别关注，知识性、趣味性、艺术性的有机统一等。

感谢在本书初步成稿过程中做出贡献的研究生们，包括汪泽，姚晗，桑萌，张慧娟，邵京京，贾晴，尹俊林，孙沛沛，吴韩愈等。感谢国家自然科学基金的支持。书中若有不足和错误之处，敬请读者朋友批评指教。